5G+AI智能商业
商业变革和产业机遇

王 宁 张冬梅 ◎著
喻俊志 王 骞

电子工业出版社
Publishing House of Electronics Industry
北京·BEIJING

前言

随着人工智能行业竞争的不断加剧，大型人工智能企业间并购整合与资本运作日趋频繁，国内优秀的人工智能企业越来越重视对行业市场的研究。在这种情况下，国内一大批优秀的人工智能品牌迅速崛起，逐渐成为人工智能行业中的翘楚。

伴随 5G 的商用，人类将进入一个将移动互联、人工智能、大数据、智能学习整合起来的智能互联网时代。在 5G 时代，人工智能、大数据和智能学习的能力将得到充分发挥，并被整合成强大的超级智能体系。这个体系将改变人们生活的方方面面，如娱乐、教育、医疗、金融……

目前，有关人工智能的概念、发展历程及 5G 方面的书籍，市场上已有很多，而关于在 5G 和人工智能的助力下，如何孵化智能商业，目前成功落地的产品，以及如何从用户场景和服务出发实现真正的商业落地方面的书籍较少，而这些内容又是读者最关心的。因此，作者以此为切入点，并结合自身开发人工智能和 5G 相关产品的经验，撰写了这本书。

本书并非科普型的图书，而是与行业深度融合，从 5G 和人工智能如何进行商业落地着手，并以成功落地的一些产品为例，向读者详细介绍了如何在各行各业让超级智能商业体实现真正的落地。

目录

第1章 5G浪潮下的超级智能来临 …………………………………… 1

1.1 超级智能到底是什么 …………………………………………… 2

1.1.1 人工智能，是不是"假"智能 ………………………………… 3

1.1.2 人工智能：帮助人解决问题，非提升机器的智能 …… 5

1.1.3 人工智能误区：用机器完成超越人类智慧的产品 …… 8

1.1.4 5G下的人工智能是什么样的 ……………………………… 10

1.2 超级智能时代的历史演变 ……………………………………… 12

1.2.1 工业时代，从不智能到智能 ………………………………… 13

1.2.2 计算机时代，人机交互 ……………………………………… 16

1.2.3　人工智能时代，机器用人的方式与人沟通……………20

　　　1.2.4　5G时代，"个性化定制"+"网随人动"……………23

　1.3　生物智能与机器智能………………………………………26

　　　1.3.1　生物智能的定义……………………………………26

　　　1.3.2　机器智能相对于人类智能…………………………30

第2章　超级智能离不开"大数据+算法+服务"……………………35

　2.1　大数据：从端到云，从云到端……………………………37

　　　2.1.1　人工智能离不开大数据……………………………37

　　　2.1.2　大数据给人工智能带来更多新机会………………40

　2.2　算法：通往智慧的一小步…………………………………43

　　　2.2.1　人脑"移植"：专家系统……………………………44

　　　2.2.2　神经网络，让计算机模拟人脑……………………47

　　　2.2.3　深度学习到底"深"在哪儿…………………………52

　2.3　服务：机器智能的能力输出………………………………57

　　　2.3.1　用交互来理解人的意图……………………………57

　　　2.3.2　达成人类需要完成的任务…………………………63

第3章 智能商业如何落地 ········· 67

3.1 智能商业落地要考虑三个维度 ········· 69
3.1.1 领域维度 ········· 69
3.1.2 时间维度 ········· 71
3.1.3 深度维度 ········· 74

3.2 商业落地核心：云端一体化 ········· 78
3.2.1 终端：交互入口 ········· 79
3.2.2 云：智慧大脑 ········· 82
3.2.3 云端一体：普惠+自由+服务于人 ········· 85

3.3 云端一体带来的生态变化 ········· 89
3.3.1 EXE：PC时代开放生态 ········· 90
3.3.2 App：移动互联网应用生态 ········· 92
3.3.3 Skill：机器智能服务生态 ········· 95

3.4 让消费者接受人工智能还要看用户场景 ········· 99
3.4.1 应用场景化：人工智能落地基石 ········· 100
3.4.2 细分领域：细分场景更有价值 ········· 103

3.5 全球流行的五大智能应用 …………………………… 105

    3.5.1 智能机器人 …………………………………… 106

    3.5.2 智能音箱 ……………………………………… 108

    3.5.3 无人驾驶 ……………………………………… 110

    3.5.4 无人超市 ……………………………………… 115

    3.5.5 智慧城市 ……………………………………… 118

第4章 智能+生活服务：让复杂的生活变得更简单 ………… 123

4.1 智能时代不再遥远，越来越平民化 ………………… 124

    4.1.1 刷脸支付，改变人类的支付方式 …………… 125

    4.1.2 "奇怪酒店"迎来新的服务生 ……………… 128

    4.1.3 机器变侦探，帮助警察破案 ………………… 129

    4.1.4 拆弹机器人：精准地挽救人类生命 ………… 131

    4.1.5 家用无人机，代替你跑腿 …………………… 133

    4.1.6 无人驾驶汽车将会走上大街小巷 …………… 136

4.2 应用落地领域：智能家居 …………………………… 138

    4.2.1 入口：语音主动交互 ………………………… 139

    4.2.2　反馈方式：全息投影……………………………141

    4.2.3　功能辅助：人脸识别……………………………144

    4.2.4　替代模式：机器学习与操控……………………146

    4.2.5　服务支撑：强大的内容体系……………………148

  4.3　案例：天猫精灵……………………………………………150

第5章　智能+娱乐：开启未来新体验………………………………153

  5.1　智能+泛娱乐，引领新机遇………………………………155

    5.1.1　人工智能布局内容，让创作自动化……………155

    5.1.2　布局用户，让机器理解用户……………………158

    5.1.3　布局运营，让商业智能化………………………161

  5.2　应用落地领域：游戏………………………………………167

    5.2.1　广义游戏主题：智能宠物机器…………………168

    5.2.2　核心玩法：通过人工智能与宠物建立强联系…171

    5.2.3　狭义游戏新规：让游戏角色与我们进行互动…173

    5.2.4　游戏反馈：透过云端与游戏宠物实时共享……175

    5.2.5　晋升途径：宠物等级越高，功能越强大………177

5.2.6 持续更新：不断更新，提供新玩法 …………………… 179

5.3 案例：日本索尼宠物狗 Aibo …………………………………… 182

第6章 智能+教育：开启教育领域新一轮角逐大战 …………… 187

6.1 人工智能繁衍出六大新教育模式 …………………………… 188

6.1.1 个性化学习，因材施教 ………………………………… 189

6.1.2 改变教学环境，新型的模拟化和游戏化教学平台 … 193

6.1.3 自动化辅导与答疑，为老师减负增效 ……………… 197

6.1.4 利用高科技，智能测评 ………………………………… 199

6.1.5 利用人工智能算法，降低教育决策失误率 ………… 202

6.1.6 幼儿早教机器人，为早教开辟新思路 ……………… 204

6.2 人工智能与教育场景相结合 ………………………………… 207

6.2.1 语音识别技术，提高课堂效率 ……………………… 207

6.2.2 图像识别技术，检测学习专注度 …………………… 210

6.2.3 自然语言技术，帮助老师测评 ……………………… 212

6.2.4 制作知识图谱，制订学习计划 ……………………… 214

6.2.5 数据挖掘技术，分析学生优缺点 …………………… 217

6.3　案例：Abilix 教育机器人 …………………………………… 219

第 7 章　智能+医疗：革新医疗行业，使人工智能成为爆发点 …… 223

7.1　医疗落地三大类型 ………………………………………… 224

7.1.1　接入产品落地 ……………………………………… 225

7.1.2　商业模式落地 ……………………………………… 227

7.1.3　盈利能力落地 ……………………………………… 230

7.2　人工智能与医学相结合的领域 …………………………… 233

7.2.1　医疗机器人 ………………………………………… 233

7.2.2　人工智能精准医疗 ………………………………… 236

7.2.3　人工智能辅助诊断 ………………………………… 239

7.2.4　人工智能药物研发 ………………………………… 240

7.2.5　人工智能医学影像识别 …………………………… 244

7.3　案例：SmartSpecs 智能眼镜 ……………………………… 246

第 8 章　智能+金融：创新智能金融产品和服务，发展金融新业态 … 251

8.1　金融领域可应用的人工智能技术 ………………………… 252

8.1.1　深度学习 …………………………………………… 253

　　　　8.1.2　知识图谱……………………………………………257

　　　　8.1.3　自然语言处理………………………………………258

　　8.2　智能商业落地的七大金融领域……………………………261

　　　　8.2.1　智能投顾……………………………………………261

　　　　8.2.2　智能信贷……………………………………………263

　　　　8.2.3　金融咨询……………………………………………266

　　　　8.2.4　金融安全……………………………………………269

　　　　8.2.5　投资机会……………………………………………271

　　　　8.2.6　监管合规……………………………………………273

　　　　8.2.7　金融保险……………………………………………276

　　8.3　案例：Wealthfront…………………………………………280

第9章　5G+人工智能的商业未来………………………………………285

　　9.1　人工智能行业革新历程……………………………………286

　　　　9.1.1　人工智能从感知智能向认知智能过渡………………287

　　　　9.1.2　人工智能通往未来之路的法宝：开放和互通………290

　　9.2　感受"5G+人工智能"的魅力………………………………292

  9.2.1　5G 是人工智能的重要基础，二者共同改变生活… 292

  9.2.2　解决网络复杂性问题，实现自动化、低成本…… 296

  9.2.3　推动网络重构，充分保证实时响应………… 297

  9.2.4　企业布局 5G，为人工智能插上翅膀………… 299

9.3　企业如何升级，才能提前抓住超级智能先机………… 302

  9.3.1　企业要引入"人工智能+"思维方式………… 302

  9.3.2　企业融入大数据、云计算，助力判断决策…… 304

  9.3.3　创业者要创新技术，做领域内的 NO.1……… 308

  9.3.4　寻找并投资深度学习技术人员……………… 311

  9.3.5　跨越鸿沟，主打创新用户…………………… 314

  9.3.6　关于超级智能商业化场景的无限想象……… 317

第 1 章

5G 浪潮下的超级智能来临

在科技浪潮中，过去 30 年是"互联网革命"，未来 30 年是"人工智能大革命"和"5G 赋能革命"。如今，超级智能 5G 技术下的时代已经悄然来临，你准备好了吗？

关于这个时代的利弊，各界人士也是众说纷纭，总之是利弊共存。但我们相信人工智能是未来趋势，其未来必然会是光明的。同时不可否认的是 5G 的浪潮已经来临，它将给人工智能带来革命性变化。

1.1 超级智能到底是什么

当下，在 5G 技术助力下的人工智能不断被热捧，但很多人并非真的懂什么是 5G+人工智能，而是对 5G+人工智能的看法过于极端，或有误区，更不能理解什么是超级智能。例如，有些人认为只有极少数人可以做到,而计算机可以轻易做到的事才属于智能。

既然人们对人工智能存在这么多的疑虑与困惑,那么人工智能到底是什么?它是不是"假"智能?它和 5G 又有何关系?这些都是必须要解释的问题。

1.1.1 人工智能,是不是"假"智能

人工智能(Artificial Intelligence,AI)是一种人造的智能,是"假"智能,这是按照人工智能的英文名称"Artificial Intelligence"来理解的。单词 Artificial 有很多中文意思,如人工的、非原产地的、虚假的等。这里之所以说人工智能为"假"智能,是因为它的确是人造出来的智能,是非原生的智能。它是相对于人的智能、真正的智能而言的,至今我们对人的智能的理解还处于表面层次,人的大脑仅仅开发了 10%,我们还不能理解人的很多行为和大脑智能的展现方式。

有人说,人工智能只不过是计算机程序的花哨名字。的确,在大多数情况下,人工智能系统并不具备自我意识,而只是一个软件,它只能通过计算机程序完成一些人类认为的"智能"动作。

虽然说人工智能是"假"智能,但人工智能的效果不假,反而更真实、便捷、高效。人工智能是一门富有挑战性的科学,涵盖面极广,不仅涉及计算机领域、心理学领域、数学领域,还涉及神经生理学、信息论及哲学领域。总而言之,人工智能是一门充满包容

性的边缘科学和交叉科学。

那么，人工智能究竟是什么呢？

目前，关于人工智能的定义有很多，表述也不同。

例如，由美国作家罗素（Stuart J.Russell）与诺维格（Peter Norvig）合著的《人工智能：一种现代的方法》是这样定义人工智能的："人工智能是类人行为，类人思考，理性的思考，理性的行动。人工智能的基础是哲学、数学、经济学、神经科学、心理学、计算机工程、控制论、语言学。人工智能的发展，经过了孕育、诞生、早期的热情、现实的困难等数个阶段"。

美国麻省理工学院的温斯顿教授这样定义人工智能："人工智能就是研究如何使计算机去做过去只有人才能做的智能工作"。与此同时创新工场董事长兼CEO李开复在《人工智能》中描述："人工智能是一种工具"。人工智能的目的是使机器更好地感知人们的行为，并做出合理的决策，从而为人们更好地服务。

整体而言，人工智能的最终目的就是通过赋予机器智能，帮助人们生活得更美好。例如，我们可以赋予机器人优美的嗓音、美丽的容貌，同时为它输入各种曲风的歌曲，让它成为音乐家；我们也可以赋予机器人各类专业知识，使它成为一名知识小达人；我们还可以赋予机器人一些幽默的段子或者有趣的笑话，使它成为一名喜剧演员。

人工智能分为3种形态，分别为弱人工智能、强人工智能和超人工智能，如图 1-1 所示。

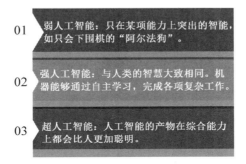

图 1-1 人工智能的 3 种形态

但是，人工智能现在仅停留在弱人工智能的层面。弱人工智能无处不在，智能手机内的一些 App 或一些系统自带的智能功能都属于弱人工智能。例如，酷狗音乐的听歌识曲、游戏中的"人机斗地主"或其他游戏的"人机玩法"，以及手机版 Siri、语音识别、指纹解锁都属于弱人工智能。

强人工智能甚至超人工智能时代的到来，还需要更多资金的投入、人才的培训、科技的研发。在人工智能的道路上，我们现在只是走了一小步，未来还有更远的路要走。

1.1.2 人工智能：帮助人解决问题，非提升机器的智能

人工智能的最终目的就是帮助人们解决问题，并非单纯地提升机器的智能，而是要让它有一定的用武之地。如果仅仅为了提升机

器的智能而进行人工智能的研发，忽视了机器智能在现实社会中的实际应用，忽视了机器智能的人本情怀及伦理道德底线，就会本末倒置。

对此，2018年5月26日，在贵州"机器智能高峰论坛"上，马云在谈到柯洁和AlphaGo的人机大战时表示，中国企业搞AlphaGo这些东西没多大意义。马云说："下围棋本来多有乐趣，结果机器从来不下臭棋，快乐都没了，有什么意思？"

马云还认为，不必担心机器战胜人类，技术是用来解决问题的，机器会比人类更强大，但不会比人类更明智。

只有将人工智能的技术应用到生活中，应用到有意义的事情上，我们的生活才会更美好。

所以，人工智能产品研发应用的重点应该是解决现实问题，而不仅仅去研发像AlphaGo之类的、一味地提升机器智能的产品。

同时，我们应该注意，一味地提升机器的智能，而忽视了道德底线也将会是人类的灾难。

在很多科幻大片里，我们都可以看到机器人，如《机器人总动员》《变形金刚》《人工智能》等。

在这类科幻片里，普通人都会感叹机器人力量的强大，却并不会从人工智能的角度进行合理的思考。

电影《变形金刚》中的机器人，在人工智能的形态上属于强人工智能。它们都拥有超乎常人的速度与力量，而且还会思考，甚至在关键时刻还能够拯救人类。

当然，电影《变形金刚》里也不全是好的机器人，还有邪恶的机器人，它们的目的就是用自己的强大力量毁灭人类。其实这类科幻电影也为人工智能的发展提出了一个明确的目标：人工智能无论多强大，都不应该毁灭人类，而应该帮助人类解决问题，为人类服务。

电影《机器人总动员》就很好地表达了这一点。机器人瓦力出现在未来的地球社会，那时的地球狼藉不堪，到处充斥着垃圾……瓦利的任务就是一点点地清理这被污染的环境，还地球一片青山绿水。而且它确实这样做了，它不遗余力地帮助人类。

这就是一种单纯的美好，也是我们发展人工智能的美好初衷。

在未来社会，发展人工智能的最低目标是通过赋予机器智慧，让机器智能更好地为人类的发展服务，最高目标就是做到"机器与人和谐共处"。

综上所述，人工智能应该使生活更美好，使人性更美好。如果为了技术而技术，为了智能而智能，那么人类必然会沦为技术的附庸，沦为机器的奴隶，这也是所有人不愿看到的。

1.1.3 人工智能误区：用机器完成超越人类智慧的产品

人工智能在迅速发展的同时，人们对人工智能的认识也在不断发展。但是，对于科技的发展，人们大都会有如图1-2所示的3种态度。

图1-2 人们对科技发展的3种态度

第一种态度：对科技的发展保持盲目的乐观，始终坚信技术决定论。这类人普遍认为科技产品最终会替代人类，未来一定是高效率、多元化、自由的社会。持这种态度的人，往往会忽视科技在发展中存在的道德力量。例如，克隆人就是一个典型的案例。

谷歌技术总监雷·库兹韦尔（Ray Kurzweil）是一个对技术保持高度乐观的人，比尔·盖茨也称赞他为"预测人工智能最准的未来学家"。而且他的预言总是高度乐观的，他曾这样预言人工智能——"人工智能将超过人类智慧"。

同时他在自己的代表作《奇点临近》中为这一时刻的到来立下

了一个完美的时间约定。他在书中这样写道："由于技术发展呈现指数式的增长，机器能模拟大脑的新皮质。到 2029 年，机器将达到人类的智能水平；到 2045 年，人与机器将深度融合，那将标志着奇点时刻的到来。"

第二种态度：对科技的迅猛发展保持过度的担忧，总是患得患失。他们认为科技的发展会使社会的失业率增加，人们收入的不平衡扩大，社会财富会更加向拥有技术的人的方向倾斜。在工业革命刚开始时，就有很多工人反对蒸汽机在工业上的运用，因为机器取代了人工，使他们逐渐失业了。可是他们不曾想到的是，技术的进步必然会淘汰落后的工作种类，同时又会产生新的工作机会。

天才物理学家史蒂芬·霍金在人工智能方面显示出消极态度。他在接受 BBC 采访时有过这样的陈述——"人工智能的发展可能会终结人类文明"。

第三种态度：对科技的进步保持适度的乐观，他们认为可以充分利用科技为人类造福，而且对技术始终保持一颗敬畏之心。

只有做到自信豁达、不卑不亢，对科技的力量保持畏惧之心，才有可能真正利用技术为人类的发展造福。

苹果公司 CEO 蒂姆·库克（Tim Cook）曾经对人工智能发表了自己的看法。他的态度是理智的、自信的，也是我们社会广大群众应该普遍接受的观点。当然，这里没有强行说服读者的意思，只是一种提倡。

库克说:"很多人都在谈论人工智能,我并不担心机器人会像人一样思考,我担心人像机器人一样思考。"

在库克心中,人工智能只是人们研发的一项技术,与过去的技术相比,只是更智能一些而已。但是智能化的技术也只是机器智能,不可能完全超越人类的智慧。因为人工智能不是人,不可能有意识。人工智能的唯一目的只有一个——更好地为社会的发展提供技术支持,使人类活得更有尊严。

总之,我们要避开人工智能发展的误区,对人工智能的发展有一个明确、清晰的认识。在远离误区的同时,也要始终对自己保持信心,同时坚守科技对伦理的道德底线。只有这样,我们才能说,无论人工智能如何发展,人类都是最大的赢家。

1.1.4　5G下的人工智能是什么样的

现在,很多技术都开始和人工智能结合,5G自然是其中一个,二者携手可以使经济价值得到释放,是一种相辅相成的关系,具体可以从以下4个方面进行说明。

1. 5G促进人工智能的发展

5G具有低延迟、高速度、大容量的特点,这些特点可以助力智能设备的大规模使用。延迟是指信号从发送到接收的时间,这个时间越短,对智能设备就越有利。例如,通过低延迟的智能设备,医生可以为患者远程实施一台阑尾炎手术,在这个过程中,医生的指令会在第一时间传递，从而有效保障患者的生命安全。

2. 5G+人工智能=多样化场景

5G和人工智能的结合使二者的应用场景更加多样，在未来，会做饭的机器人、准时接送孩子的无人校车等都可能会出现。

现在，在5G的助力下，人工智能越来越多地被应用于我们的日常生活，无论是公园的智能清扫车，还是图书馆内的人工智能流动车，或是远程操控汽车等，都在逐渐涌现。此外，像在矿区、灾区的危险作业中，智能港口管理这些更大范围的应用中也可以看到人工智能的身影。

3. 智能设备的数据处理

相关数据显示，预计到2021年，智能设备产生的数据量将超过840ZB，如果要处理如此巨大的数据量，那就必须充分发挥5G的力量。在5G的助力下，智能设备之间的数据传输、处理会变得更加快速，也更加具有规模。

4. 5G的瓶颈

虽然5G下的人工智能出现了可喜的景象，但从目前的情况来看，5G还存在一些让我们不得不解决的问题。首先，在5G中，智能设备基本上都是相互连接的，这导致攻击者很容易就能造成混乱；其次，5G推出以后，智能设备的交易会比之前增长很多，而目前中心化和去中心化的基础设施很难或者根本无法承载如此巨大的增长。

总而言之，在看待 5G 与人工智能之间的关系时，我们必须用发展的眼光和立体的角度来看待，这样才能充分感受到二者的价值。而且，在正确架构的指引下，边缘计算、虚拟现实、技连网物联网等技术也将发挥作用，让人们的工作和生活发生巨大变化。

1.2　超级智能时代的历史演变

人工智能的发展可以用一波三折、命运多舛来形容。

关于人工智能的历史，业外人士鲜为人知。许多人都认为现在人工智能的迅速火热是媒体大力宣传的结果，是商界大咖争相使其商业化的结果。其实不全是如此，人工智能的历史还遵循其自身发展的内在规律。

人工智能的历史已经有 60 余年了。在这 60 余年里，包含了工业时代、计算机时代、人工智能时代、5G 时代。

在每个时代里，人工智能都展现出了全新的模样。

现阶段，凭借相对发达的技术及孜孜不倦的研究，我们相信，人工智能的发展必将迎来新的辉煌。

1.2.1 工业时代，从不智能到智能

在前两次工业革命时代，虽然生产力大大提升，工作效率快速提高，然而，生产制造工具依然只是简简单单的工具。如果没有人使用，那么一台发电机就是一堆材料的无意义组合；一台汽车，如果没有人进行发动、驾驶，那么汽车也只是精致的钢铁的完美组合，只是一个"花瓶"。

总而言之，前两次工业革命时代仍然是一个不智能的时代。真正智能时代的到来还得从计算机的研发讲起。计算机的研发，与艾伦·图灵的生命传奇密不可分。

图灵是一位科学巨匠，由于个人的性取向问题被世人诟病。他的晚年生活是不幸的，他最后自杀身亡，人们发现他的时候，他的手里有一个苹果，还被咬掉了一口。据说，苹果公司的 Logo 就源于图灵的这一传奇事件。

英国前首相卡梅伦曾这样评价图灵："他在破解'二战'德军密码、拯救国家上发挥了关键作用，是一个了不起的人。"

图灵是英国的一位数学家和逻辑学家，他在自然科学领域有着极高的天赋，而且学习也十分努力。可是他却是一个矛盾的统一体，他身上既能够体现出谦和的特点，同时又总是率性而为，总之他是一位极富传奇色彩的科学巨匠。

知名杂志《科学美国人》对性情矛盾的图灵的一生也有过十分精彩的评价。原文如下：个人生活隐秘又喜欢大众读物和公共广播，自信满满又异常谦卑。一个核心的悖论是，他认为计算机能够跟人脑并驾齐驱，但是他本人的个性是率性而为、我行我素，一点儿也不像机器输出来的东西。

所以，图灵总是对世界上的新鲜事物有浓厚的兴趣。在"二战"中，他凭借自己的数学才能，迅速破译军事密码，为和平的成功到来做出了杰出贡献。

同时，他在"二战"前就对计算机科学方面有过深入研究。"二战"后，他又进行了深入研究，最终，在曼彻斯特大学，他研制出了"曼彻斯特马克一号"计算机。因为他在计算机等领域，特别是在人工智能领域做出了杰出的贡献，所以，他被称为现代计算机科学的创始人。在 1966 年，美国计算机协会设立了图灵奖，专门奖励在计算机研究开发领域有杰出科技贡献的人才。

机器智能的提出还得从"图灵测试"谈起。

"二战"结束后的两三年内，即 1945—1948 年，图灵的主要工作为研究开发自动计算引擎（ACE）。最终，于 1949 年，他在曼彻斯特大学成功制造出了一台真正的计算机——"曼彻斯特马克一号"计算机。

与此同时，他继续进行关于"机械智能"的研究。他在对人工智能的科学探索中，提出了图灵测试。图灵测试的大致模型如图 1-3 所示。

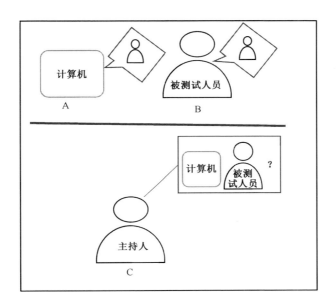

图 1-3 图灵测试的大致模型

从图 1-3 中可见,图灵测试由 A、B、C 三部分构成。A 代表回答测试问题的计算机,B 代表被测试人员,C 代表主持人。

在测试过程中,A 与 B 分别被放置在两个不同的房间里,由 C 提问,由 A 和 B 分别做出回答。B 在回答 C 提出的问题时,要尽可能表明他是人而非计算机。相对应地,A 在回答 C 提出的问题时,也要尽可能地模仿人的思维方式、逻辑方式和谈话技巧。

如果 C 听取他们各自的答案后,分不清哪一个是真正的人回答的,哪一个是计算机回答的,计算机达到了欺骗主持人的目的,那么我们就可以认为计算机具有了智能。

图灵测试，很形象化地解决了困惑人们很久的关于"人工智能的定义"的问题。图灵测试并没有给出人工智能的严苛标准的定义，而是在说明机器只要能够简简单单地与人对话、进行思考，那么就达到了机械智能的目标。

在人工智能研究的领域，图灵一直在探索，从未停止研究的步伐。1952年，图灵为计算机设定了一个简单的象棋程序。可是，由于当时计算机的数据存储基数小、数据处理信息能力差，计算机在与人对弈的过程中，也总是显得思维能力差，有些"低能"。最终，他的计算机象棋程序以失败而告终。

但是图灵的伟大，在于总是能够启发后来人。基于图灵对象棋程序的研究开发，才有后来IBM的"深蓝"在国际象棋界举世瞩目的成就，也才会有今天AlphaGo的辉煌。

综上所述，在工业时代，从不智能到智能是一个巨大的飞跃，但我们要清醒地认识到，科技还是要不断发展的。如今，我们的研究仍在弱人工智能领域，所以，还是要不忘初心，勇敢前行。

1.2.2　计算机时代，人机交互

为了使计算机更智能，使其更合理地解决人们的问题，提高计算机与人的互动能力就是一项迫在眉睫的任务了。

第 1 章
5G 浪潮下的超级智能来临

人机交互已经有 50 多年的历史了。从 1964 年，美国科学家道格·恩格尔巴特发明鼠标开始，人机互动就已经来临了。而且人们通过使用鼠标，能够更加高效、快捷地使用计算机，计算机也逐渐在生活领域、商业领域立足。

计算机从军事领域向生活领域的跨越是科技发展的必然产物，更是生活的需要。也正是这样，人们才逐渐适应了计算机，进入了计算机的主机时代，并慢慢步入了计算机的 PC 时代。

可是时代仍在发展，计算机技术也越来越娴熟了。如今，不懂利用计算机的人堪比新一代的文盲。在这样的时代下，计算机也面临着转型。生活节奏的加快，全球化进程的加快，商业运转的高速化，都促使计算机开始新一轮的转变。计算机将逐渐适应人，例如，通过 SEO（搜索引擎优化），智能地为人们推荐所需要的信息。一步步地，计算机就逐渐进入了普适时代。

总而言之，人机交互的时代也就是从"人逐渐适应计算机"到"计算机逐渐适应人"不断发展的时代。这个过程也大致经历了 3 个阶段，即计算机经历了从主机时代到 PC 时代再到普适时代的演化。人机交互的发展历程如图 1-4 所示。

整体来讲，人机交互应该从 3 个角度综合出发，分别是物理层面、认知层面和情感层面。只有综合这 3 个方面的内容，计算机才会更加智能，才会更好地为人们服务。

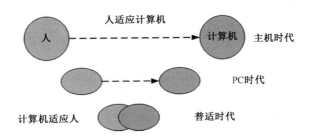

图 1-4　人机交互的发展历程

可是在 20 世纪末和 21 世纪初,科技的发展还远远不能使计算机能够进行高效的认知,更不用提人性化的思考及独特的情感体验了。如果计算机能有人的感情与人的思维,那也只能出现在科幻作品中。

然而,在物理层面,计算机的研发设计还是做得比较好的。计算机及其他智能设备也逐渐能够进行基于语音、指纹、视觉等层面的人机交互,具体例证如下。

1. 基于语音的人机体验

在 PC 时代,人机体验一般都基于键盘和鼠标,都是基于文字的交互式体验,通过打字进行各项信息的交流。起初,计算机操作比人工写材料效率要高出百倍。

然而,时代在进步,用计算机进行文字交流效率有些低。为了更加人性化、高效化,研究人员开始进行语音系统的开发。所以,才有了如今的微信语音系统的优化、百度语音识别的进一步完善。

第 1 章
5G 浪潮下的超级智能来临

同时，智能机自身的语音系统也在不断完善。例如，利用苹果 iOS 系统下的 Siri 语音服务，用户可以与自己的手机进行各种各样的对话。

你可以为自己的 Siri 取一个好听的、个性化的名字，如"小八"。

然后，你就可以像与人沟通一样，与"小八"进行沟通。虽然"小八"的语言听着还不太像人的口音，但这个过程还是很有趣的。

你如果对"小八"说，"给我爸爸打一个电话"，"小八"就会直接进行相关的操作，直接给你的爸爸打电话；你如果对"小八"说，"帮我设置一个早晨 6:30 的闹钟"，它也会进行相关的操作。当然还有更加有趣的事情，你可以在无聊时和"小八"进行各种对话，它都会根据系统设置的关键词进行相应的回答，有时你还可能听到一些"神回复"，简直令人捧腹。

2. 基于指纹的人机体验

如今，指纹支付、指纹解锁已经成为智能机的必带功能。如果说原来智能机带指纹解锁是一个加分项，那么此时指纹解锁功能就是一个保底项。

首先，指纹辨识之所以流行，原因在于指纹数据的存储空间小，容易被智能机辨识；其次，随着技术的进步，这项操作也越来越简单；另外，指纹解锁、指纹辨识更能保护隐私，防止私密文件的泄露；最后，指纹解锁比较稳定，比用密码解锁更加方便。

如果你使用密码解锁，还得记密码，忘记了密码又是一件麻烦的事情。然而，指纹解锁或指纹支付就没有那么麻烦了。人的指纹变动很小，也比较稳定，只要设置好指纹，在进行相关操作时，只需轻轻一触即可。

3. 基于视觉的人机体验

基于视觉的人机体验比指纹体验历史更久。从网络视频对话，到如今的人脸识别解锁，基于视觉的人机体验也更加丰富多彩。然而，这些视觉体验还是比较低级的，在以后，视觉体验的最终目的是让机器读懂人的面部表情，还能理解人的心情，在此基础上，利用它自己的相关知识，为人排忧解难。

说起来很美好，但是一步步地系统设计十分复杂，需要更多的科技工作者为之努力奋斗。

总之，在计算机时代，人机交互体验还是初级的，仍然处于研发的幼苗期，要想取得长足的进步，还需要几代科学家和相关从业人员的共同努力。

1.2.3 人工智能时代，机器用人的方式与人沟通

AlphaGO战胜韩国围棋高手李世石引起社会各界的关注。无论是政府高层、优秀企业家还是普通社会群众都对人工智能发表了看法。社会各界普遍认为，现在已经从互联网时代逐步过渡到了人工

第 1 章
5G 浪潮下的超级智能来临

智能时代。

准确来讲，我们目前进入的是弱人工智能时代。因为 AlphaGo 代表的人工智能产品只会下围棋，只能在围棋领域进行智能思考，只能说 AlphaGo 是围棋圈内的行家。然而，在其他领域，AlphaGo 只是一台冷冰冰的机器。

即使在围棋领域，AlphaGo 也显得呆若木鸡。虽然它凭借芯片存储的大数据及强大的数据处理能力战胜了许多围棋冠军，但是它并没有成功时的喜悦，有的只是冷冰冰的面容。

李彦宏曾说："人工智能是靠机器来理解人的意图的，如果机器能够理解人，那么它自然而然也就能够和人进行交流。所以我们说，互联网只是'前菜'，人工智能才是'主菜'，因为它们对这个社会的改变，在本质上不是一个量级的。"

所以，在人工智能时代，让机器学会用人的方式与人沟通，就是让机器学会用语言、眼神、肢体动作等类人的方式与人进行高效的沟通。总而言之，人工智能最主要的目的就是让机器能像正常人一样来理解人类、能够知道人类的意图。

同时，李彦宏还说过，百度的责任要从"连接信息"转换到"唤醒万物"，之所以能够这样，是因为人工智能使得"唤醒万物"成为可能。这就是百度人的新使命。

这样的描述听起来像科幻小说、科幻电影中才有的场景。然而，在弱人工智能时代，这些也在逐渐成为现实。

百度研发设计的人工智能的典型产品就是度秘（Duer）。度秘的理念是"智能的度秘，只提供给你最好的选择"。同时，度秘也是百度"唤醒万物"的典型智能产品。

度秘是能对话的人工智能秘书，依靠DuerOS对话式人工智能系统进行语音操作。而且度秘在应用中能够通过语音识别系统、自然语言处理进行深度的自主学习，不断提高自己的智慧。

普通用户只需要使用语音、图片或文字信息，就能够与度秘进行一对一的沟通。这时的度秘，就像一个无所不知的专家。

只要你有需求，并说出你的需求，度秘就能依靠海量的数据库及强大的数据处理能力，帮助你解决问题。

如果你是吃货，那么度秘就是一位美食鉴赏家。当你在饭店纠结，不知该吃什么的时候，只要告诉度秘你的相关需求，它就会为你推荐几款适合你的美食。

如果你是电影爱好者，那么度秘就是你志同道合的朋友。度秘其实也是一个超级影迷，在它的数据库中不仅收藏了海量电影，而且它永远能给你推荐最合适的电影。不管是高分电影、经典电影还是冷门电影，它都能满足你的需求。

如果你是工作达人无暇顾及孩子的教育，那么此时度秘就是一位不错的教育专家。度秘可以存储海量的故事，涉及面广，不仅包括童话故事还包括文史故事。孩子想听什么故事，直接对度秘讲，度秘就会娓娓道来。这样，你在工作的时候，就不会担心孩子的教育问题了。

总之，暖心的度秘能够帮我们打造有序的生活。

当然，我们不能否认，在弱人工智能时代，机器毕竟是机器，有着属于自己的缺陷，可能会少一些人情味，但我们未来努力的方向也就更加明确了，那就是使机器学会用人的方式与人沟通，使我们的生活更加便捷高效。

1.2.4　5G 时代，"个性化定制"+"网随人动"

5G 时代，人工智能将为我们提供更多"个性化定制"服务，其自身对网络系统的自制也会大幅度提高，进而有效减少人力资源的投入。

智能终端的应用为网络的设备管理提供了便利，以往的"人随网动"随着人工智能的发展已经逐渐向"网随人动"靠拢。"网随人动"需要面临大量的用户、设备和流量之间的调控，因此应用是核心。人工智能系统为不同的应用提供独立的逻辑网络，为不同的应用提供不同的网络需求，提高资源的利用率及网络的重构率。

由此可见，人工智能和 5G 确实有天然的契合性，这样的契合性也会为各行各业带来更多变化，下面我们以旅游业和零售业为例进行详细说明。

在人工智能和 5G 的快速升级下，提升服务的个性化已经成为旅游行业未来发展的重点工作，例如，以人工智能和 5G 为依托的智慧鹰眼就极大地优化了景区管理。智慧鹰眼利用图像采集终端和 5G 高速通信的方式，完成视频和图像的传送，并且可以覆盖景区全景。

另外，人工智能和 5G 的结合，可以使旅游业的服务更上一层楼，我们通过个性线路定制、精品推荐、智能导航等功能，让游客可以享受信息获取、行程规划、商品预订、游记分享等方面的便利和智能。

在零售业，人工智能和 5G 也可以发挥强大的作用，例如现在的全息投影。目前，全息投影主要用于广告宣传和产品发布会中的展示，该技术可以根据品牌方的需要，为产品量身打造从色彩、形状到表现形式都十分完美的设计。这样不仅可以突出产品的亮点，提升产品的销售量，也可以让消费者获得全新的感官体验。

全息投影在产品展示方面具有极其突出的优势，品牌方将想要推广宣传的产品放在全息投影的橱窗中，凭空出现的立体影像能够 360 度高能旋转，有利于吸引消费者的注意力，使消费者留下深刻的印象。

如果将全息投影应用于 T 台走秀中，还可以将模特的服饰与走步刻画得十分美妙，让消费者有一种虚拟与现实相融合的梦幻感觉。该技术颠覆了传统的 T 台走秀，为品牌方后期的大规模销售奠定了坚实基础。

当人工智能和 5G 结合在一起以后，"网随人动"将成为现实。

首先，IP 和用户的对应实现了人工智能对用户的管控，同时便于人和终端之间的捆绑，完成了终端的安全接入。网段和业务的联动也使网段和业务之间的连接只需通过 IP 网段的控制就可达成。用户只需在选项中注入步骤名称就可以自动实现业务达成，无须输入多行口令，高效快捷。另外，系统对于任务组的管控也可以通过分隔达成。

其次，人工智能的自动化部署将整个网络设备进行角色化分类，将核心层、汇聚层、接入层相统一，并将配置文件进行简化，实现简单的自动化部署模式。自动部署后，物理位置的标识也为后期的运维和维修提供了保障。

最后，人工智能除了实现网络的自动部署，还能实现终端资源的人性化分配，根据资源定义和用户组策略的匹配模式导出可视化界面，让用户快速掌握操作模式并提供拓扑视图，让操作更便捷。

人工智能和 5G 的结合让生活拥有更多可能，人工智能的应用已经逐渐从对图像、数据和文本的数据分析，转向通讯行业和网络技术行业。

未来，网络的调度和资源调配会变得越来越复杂，而人工智能凭借其强大的调配能力能帮助运营商迎接 5G 时代的技术挑战。与此同时，人工智能的全能力、全场景产品也可以帮助企业实现更好、更快、更健康的发展。

1.3 生物智能与机器智能

人类的智能从根本上说是生物进化的产物，它包括思维、本能、七情六欲等。而人工智能则是与生物智能相对的，它的思维基于清晰的逻辑运算而非人类的模糊思维，它没有自然进化形成的种种本能，更没有七情六欲或道德观念。

总之，人工智能不是大自然创造的产物，而是人类为了服务于自己而创造出来的产物，它没有基因需要传承，只是为了完成人类赋予自己的使命，更没有生死之说。

1.3.1 生物智能的定义

生物智能（Biological Intelligence）是人脑在各种错综复杂的物理、化学作用过程中反映出来的，它属于生理学和心理学的研究范畴。在生物智能中，人的大脑是智能的物质基础，它决定着人类智能的产生、形成和工作机理。

无论是蚂蚁、蜜蜂，还是大象、苍鹰，都有自己的智力。这些物种的智能，统称为生物智能。生物智能是生物顺应自然、改造自然的产物,是一种天然的智能。生物质能的最高级表现就是人类的智能。

人类在自己的智能系统支配下,创造了人工智能。从根本上讲,人类的智能演进是生物进化的必然结果。

达尔文进化论的一个核心观点是物竞天择,适者生存。

人类智能的发展演进就是逐步适应自然、利用可利用的资源、改造周遭环境的结果。人类的进化史如图 1-5 所示。

图 1-5 人类的进化史

早在 250 万年前,地球上就已经出现了类似于现代人类的动物,我们称其为智人。智人有很多表亲,如黑猩猩、长臂猿、猕猴等。智人的产生是适应环境,不断进化的结果。

随着地壳运动,东非大裂谷产生,大裂谷以东的地区降水逐渐减少,逐渐出现了草原,于是这里的猿类不得不适应环境,开始使用自己的双脚,逐步站立起来;大裂谷以西的地区,仍旧雨水充沛,树木林立,大猩猩和其他猿类依然生活得很自在,不用去适应自然的变化。经过数万年的演化,智人就与猿人区分开来了。

由爬行到站立行走,不仅仅是走路形态的变化,最重要的是人类智能的进化。直立行走后,智人的双手逐渐解放,于是他们就去制造各种工具，用来猎取食物、制造房屋，求得生存发展。

海豚也是非常聪明的哺乳动物，海豚的脑容量比现代智人大20%左右，但为什么海豚的认知能力没有超过人类，发展出更先进的文明呢？原因是人类解放了双手，在生活与实践中，人类用自己的双手去拓展大脑内的一些想法，并逐渐成为现实。然而，海豚却受制于自身的体型及海洋环境，只能顺应自然而不能改造自然。所以，海豚的智能逐渐落后于人类的智能。

其实，人类智能的演进不单单是大脑的进化，更是欲望的需求和生活实践的要求。

王嘉平目前担任创新工场投资总监兼人工智能工程院副院长，他曾经说："人类的进化不单单包括大脑和神经系统突触的进化，而是整个世界的进化相统一，与人类的欲望一致。"

随着历史的推进，环境的进一步变化，人类的智能也越来越发达。人们逐渐学会了保存火种、制造工具、种植粮食，于是，慢慢步入了农业社会。为了促进生产效率的提高，提高生活质量，人们又进行生产工具的改造，于是，蒸汽机就诞生了，人类开始步入工业社会。如果说蒸汽机的发明是经验的积累与瓦特灵感碰撞的产物，那么电力的发明完全是人类智力发展的结果。法拉第经过众多试验，发现了电磁感应定律，才有了发电机在生活实践中的应用，人类社会也由此步入了第二次工业革命时代。随着全球化的演进和信息交流量的空前扩大，借助互联网的力量，计算机也逐渐商业化、生活化，人类就步入了信息时代。如今，借助网络大数据、深度学习,人工智能的大发展又被拉入公众的视野。在信息社会,人工智能的研究与发展也势必会成为提高生产力的核心力量。

可见,人类的演化史其实也是一部人类智能的演化史。随着自然的进化,人类已经产生了高等智能,是最高等级的生物智能。人类的智能更是自主智能系统,人类能够依靠自我的主动创造性适应社会、改造社会,使生活更加美好。

对于研究人工智能的人来说,让机器拥有人类的智能是人工智能的终极目标。所以,在研究人工智能时,我们应以生物智能为基础,最大限度地理解生物智能运用的是何种工作机理及生物的各功能部件有哪些结构关系。如果人类搞清楚了上述问题,那么人类就可以通过高度发达的技术,如电子、光学和生物的器件,构筑类似于生物智能的结构,然后对其进行模拟、延伸和扩展,从而打造出与人类似的"智能",这时才是真正实现了人工"智能"。

愿望总是美好的,现实总是残酷的。由于人脑网络结构十分复杂及人类在对人脑机制和结构研究时有局限性,所以,人类现在对生物智能的各种工作机理还没有完全弄明白,对于基本智能活动的机制和结构更是一头雾水。虽然人类对人脑机制和结构的理解有限,但幸运的是,随着众多研究人员多年的努力,人工智能的主流理论已经从结构模拟的道路走向了功能实现的道路,这是令人欣慰的事。

所谓功能实现,美国科学家 James C.Bezedek 认为:"功能实现是将生物智能看作黑箱,而人类只需控制黑箱中的输入输出关系，从输入输出关系上来看所要模拟的功能即可。"自从功能实现被提出之后，人类对于人工智能理论的研究开始有了进一步发展，生物智能研究的进展也不再缓慢，同时也让功能实现成为现在人工智能中较为系统的理论体系。

1.3.2 机器智能相对于人类智能

从整体来看，机器智能与人类智能是辩证统一的关系。

第一，机器智能是人类智能的产物。如果没有人类智能，那么也就不会有机器智能。第二，机器智能的进步反过来促进社会的进步，促使人类更加聪明。

所以，人类智能是机器智能的根基，机器智能是人类智能的延伸。

人类智能与机器智能相比有很多值得令人深入思考的问题，而且还很有趣，具体体现在图1-6所示的4个方面。

1. 人类智能感情浓厚，机器智能总是冷冰冰的

人作为万物的灵长，不仅有智慧，更有情感。而且与其他低等生物相比，人的感情更加丰富。情感是连接人们心灵的纽带。无论是亲情还是爱情，这些都很难从科学的角度来衡量，我们只能从道德的角度去思考这些美妙的感情。

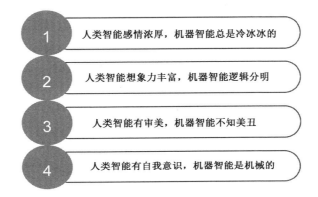

图1-6 人类智能与机器智能的对比

人能通过自己的面部表情展现出喜怒哀乐等不同感情，而且还可以通过各种肢体动作来表达自己的感情，更重要的是人能够通过语言来表达自己的心情。虽然猫狗等动物也能够通过肢体动作和叫声来表达自己的感觉，但是远不如人类。

与机器相比，人类显得情绪更加饱满。虽然我们可以为机器输入一段程序，让它发笑，让它表示感伤，但是机器的表达也总是程序化的、冷冰冰的。机器的笑是假笑，机器也不懂幽默。在这方面，机器智能与人类智能相比相差万里。

2. 人类智能想象力丰富，机器智能逻辑分明

纵观历史，我们发现人类的发明创造总是与人类的联想、想象力挂钩。

当人们看到雄鹰展翅高飞，人类也想象着能在天空翱翔，莱特兄弟终于发明了飞机。飞机机翼的灵感来源，正是鸟儿的翅膀。同样，人类的许多发明创造也都是基于仿生学的人类智能。例如，轮船、跑车的制造与鱼鳍和奔跑的猎豹相关。总而言之，人类智能的研究成果都与丰富的想象力相关。

对应地，机器智能则更加逻辑分明。AlphaGo 就是典型的例子。当人类赋予 AlphaGo 相关的围棋技巧时，它会利用海量的数据及自身强大的算法，智能地为自己提供下一步的算法，而且机器智能的逻辑推算都会选择让自己赢的概率更大一些，所以，才会有 AlphaGo 的神话。

综上所述，我们不难发现，人类智能的核心在于想象力和创造力。相反，谈起逻辑，被输入相关程序、数据的计算机明显会更加出色。

3. 人类智能有审美，机器智能不知美丑

机器智能与人类智能相比还有一个明显的缺陷，就是机器不懂得审美。而审美是一个社会能力，随着阅历的增加、精神世界的不断饱满、人文知识的不断丰富，人们的审美也会越来越个性化。

可是机器根本不懂得何为美丽、何为丑陋，更不用提审美了。虽然现在人们也在为计算机输入一些关于审美的数据，但是效果并不理想。

例如，如果你是一名专业的诗歌鉴赏家，你的评论总是一针见血，而且令人回味无穷。然而机器的评论却是各种数据的梳理汇总，陈词滥调，索然无味。

4. 人类智能有自我意识，机器智能是机械的

人与机器的最大区别就在于人拥有自我意识，人懂得自我思考。

法国思想家帕斯卡尔有一句名言："人只不过是一根苇草，是自然界最脆弱的东西；但他是一根有思想的苇草，用不着整个宇宙都拿起武器来才能毁灭；一口气、一滴水就足以致他死命了。然而，纵使宇宙毁灭了他，人却仍然要比致他于死命的东西更高贵得多；因为他知道自己要死亡，以及宇宙对他所具有的优势，而宇宙对此却是一无所知。"

人类的智慧在于人的自我意识，人能够根据环境的变化调整自己的状态，以迎接新的自然环境和社会环境，从而使自己能够更好地适应社会。

然而，机器智能就不会有独一无二的思想了。机器智能在目前社会发展的阶段，只能说它是由专业知识和相关程序凑起来的百科式的机械程序。虽然它能够更加迅速地为我们提供相关知识，但是这些知识不是整体化的，我们在获得知识的时候并不会获得求取知识的快乐。

综上所述，人类智能和机器智能既存在相互依存的辩证关系，还存在明显的区别。最核心的区别是，人类有现实思维，而机器智能的思维却基于清晰的逻辑运算，不含任何情感因素。

在人工智能高速发展的今天，我们要发挥主观能动性，以饱满的情绪进行新的发明创造，让人工智能更好地为我们的社会服务。

第 2 章

超级智能离不开"大数据+算法+服务"

到目前为止，大家对人工智能的解释有很多种。不过，对大多数人来说，他们对人工智能的理解仅仅包含数据和算法。其中，数据就是指大数据，算法就是指深度学习的算法。但是，从目前人工智能的商业落地方面来说，人工智能还离不开"服务"。现在所有的机器智能肯定是对"大数据+算法+服务"的整合，而不只是"大数据+算法"的组合。所以，人工智能的基本要素必须包含数据、算法、服务3种，超级智能时代更离不开这3大基本要素。

真正的智能，是科技力量与人文关怀融合后的产物。也就是说，以后超级智能的开发会在大数据与算法的基础上，重点增加产品对人类的服务能力。只有智能产品的服务到位，这类产品才会获得人们的信任，产品才能真正落地。

第 2 章
超级智能离不开"大数据+算法+服务"

2.1 大数据：从端到云，从云到端

马云认为，云端（Cloud+App）是未来移动互联网的关键。目前，阿里巴巴在 App 端的表现不令人满意，接下来要"端带动云，云丰富端"，用数据创造价值，提升体验，快速建设移动电子商务的生态系统。

互联网的发展离不开"云端一体"，人工智能的长足发展更离不开"云端一体"。我们在第 1 章讲机器智能的时候介绍过，我们进入了机器智能时代，机器智能时代的核心也是"云端一体"。

在人工智能快速发展的时代，离不开大数据的收集、整理与应用。而大数据的收集、整理与应用，又离不开"云端一体"。所谓从端到云，就是要做好数据的收集、整理工作；所谓从云到端，就是要做好数据的应用决策工作。

总之，我们现在只有利用"云端一体"的理念，把数据收集到位，并且分析得有理有据，人工智能才会有强大的数据根基。

2.1.1 人工智能离不开大数据

大数据是人工智能发展的根基，如果没有大数据的支撑，那么

人工智能的发展也将会成为无本之木。

众多互联网大咖都十分重视大数据的力量，尤其是在人工智能发展的关键节点。

周鸿祎认为，如果没有大数据的支撑，人工智能就是空中楼阁。

他还有一个比较有意思的表达："现在就讨论火星上是不是人口过剩为时过早，人工智能的基础是大数据。"

李彦宏对人工智能火热的现象也做出了正面的回应，他说："现在人工智能如此火热，主要是大数据的缘故，正是有越来越多的数据，可以让机器做一些人才能完成的事情，所以人工智能在当前火热无比。"

既然大数据如此重要，那么什么又是真正的大数据呢？大数据又有什么样的特点呢？

大数据其实是一个仁者见仁，智者见智的概念。但有一个核心不变——大数据包含的信息量极大，远远超过人脑的计算能力和处理能力。

麦肯锡公司是国际上首屈一指的咨询公司，同时它也是研究大数据的领先者。在麦肯锡公司内部的一份报告中，研究人员曾经详细地为大数据下了一个定义：大数据指的是大小超出常规的数据库工具获取、存储、管理和分析能力的数据集。而且 IBM 公司也明确提出了大数据的 5 个特点，即大量、高速、多样、高价值、真实可靠。

第 2 章
超级智能离不开"大数据+算法+服务"

由此可见,信息时代对大数据的要求也是极为严苛的。

既然大数据时代已经来临,那么大数据技术必将在信息技术领域引起强烈的变革,当然也会对我们的生活产生强烈的影响。

李彦宏在一次谈话中,也明确提到大数据会给我们的生活带来翻天覆地的影响。

他说:"十几年前,我们尝试用神经网络运算一组并不海量的数据,整整等待三天都不一定会有结果。今天的情况却大大不同了。高速并行运算、海量数据、更优化的算法共同促成了人工智能发展的突破。这一突破,如果我们在三十年以后回头来看,将会是不弱于互联网对人类产生深远影响的另一项技术,它所释放的力量将再次彻底改变我们的生活。"

大数据对人工智能的发展的作用也是不言而喻的。如果我们把人工智能比作一名幼婴,那么价值含量高、真实可靠而且数据信息庞大的大数据库则是幼婴成长最宝贵的"母乳"。

在人工智能时代,大多数人的第一反应都是"数据为王""数据秒杀一切"。总之,目前,在人工智能发展的关键时期,可谓是"得大数据者得市场"。只要你有海量的数据,即便是计算机的算法稍微落后,产生的结果也会是令人满意的。

所以,现如今,我们在开发一些新的智能产品的时候,必须特别注重收集海量的数据,并且数据要干净、真实有效。只有这样,我们在利用机器进行深度学习的时候,机器才会学习得更准确、更全面，人工智能机器的操作能力才会更突出，智能产品的市场效果才会更好。

但要注意，大数据并不是万能的、完全可靠的，我们也需要用辩证的眼光去看待互联网上的大数据。做到冷静分析，最终挖掘出数据中蕴藏的真正价值，为自己的产品研发服务，为客户的生活和工作服务。

综上所述，大数据是人工智能迅速发展的基础，人工智能必将是大数据决策的龙头代表。所以，我们必须充分利用大数据，挖掘出最真实有效的大数据资源，发挥大数据最佳的价值。

2.1.2　大数据给人工智能带来更多新机会

大数据是人工智能发展的基础，只有具备足量的、真实的大数据信息，我们才能掌握相关市场的行情、了解相关市场对产品的需要。了解了市场对产品的需求，人工智能产品的研发才能有的放矢。这样，人工智能产品才能够进行真实有效的商业落地开发，人工智能才会有更多发展的机会。

简言之，只要某商业领域存在大数据，我们就可以进行相关的人工智能产品的研发、创新与创业。同时在创业的过程中，我们可以利用良好的数据资源和更高效的深度学习算法，开发出更高质量的人工智能应用。

第 2 章
超级智能离不开"大数据+算法+服务"

机遇都是留给有准备的人的,在人工智能发展的关键时期,我们要处处留心生活,留心大数据,审时度势,抓住机遇,成就自我。

从整体来看,大数据给人工智能带来了更多的新机会。人工智能其实可以被广泛地运用到金融领域、电子商务领域、售后客服领域、交通导航领域、教育领域甚至是艺术领域。

如果你是金融行业的人员,你一定知道金融领域存在大量的客户交易数据。此时如果你能抓住机遇,针对这些数据建立深度学习的模型,可以更好地为客户进行风险防控;同时利用这些大数据,我们还可以做到精准营销,这绝对是一个不错的商机。

对于一名电子商务人员来说,你一定会考虑应该如何利用大量的产品数据和交易数据。此时如果你能抓住机遇,基于这些数据建立一个人工智能系统,就可以帮助电商人员轻松预测产品的销售情况,甚至能够精确到分钟,这样电商人员就会提前做好进货准备。因此,人工智能系统的产品研发也必然是一个不错的商机。

目前,市场上也出现了一些能够满足初级客服需要的自动客服人员,也就是机器人客服人员。这些机器人客服人员有不错的语言处理能力,这也是依靠其背后的客服语音和文字数据等大数据内容。同时,机器人客服人员作为新鲜事物,比较引人关注,可以很好地招揽客户。所以,人工智能的研发也要在这一板块多一些投入,使机器人客服人员更加智能化、人性化,让它们更好地为客户服务。

虽然目前百度地图、高德地图都有智能导航系统实时分析路段状况，但是仍然解决不了堵车问题。即使智能导航为你设计了一条绝佳的行车路线，也难免会遇到特殊情况。

交警就需要时刻关注重点路段，进行交通疏导。可是交警的数量是有限的，有时在一些路段出问题时，他们不能立即赶到，总会存在滞后性，从而影响行人的出行与工作。这时，如果能利用城市交通管理部门的大量监控数据，并在此基础上开发智能交通疏导等人工智能的应用，一定会备受欢迎。这项工作已经逐渐在大城市落实了。

在知识经济时代，人们都普遍重视孩子的教育问题。目前市场上的教育机构琳琅满目，教育机构也有好有坏。有名的教育机构，如新东方、中公教育、优胜教育等，当然也存在一些基础的"托管教育培训班"。并不是说托管教育培训班不好，只是存在一些不好的现象。例如，老师替孩子写作业、老师不认真讲知识甚至存在一些虐待儿童的现象。

其实，人工智能可以在教育板块做到优中取优。一些质量好的教育机构拥有海量的课程及教学数据，如果能够基于这些数据建立人工智能模型，就可以更好地帮助老师发现教学中的不足，更好地培养学生。

人工智能还可以在艺术领域有一番作为。你听说过计算机作诗吗？其实，让计算机成为一名"诗人"并不难，只要我们为计算机输入关于韵律、韵脚、对仗、平仄、意境等方面的大数据知识，计算机就能成为一个很有趣的"打油诗人"。虽然这样的智能计算机

"诗人"离真正的艺术家还相差甚远，但是却能为我们的生活添加一些趣味。

综上所述，大数据不仅能够为人工智能带来新的发展机遇，还可以使人工智能产品有趣味，为我们的生活增添一抹愉悦的科技色彩。

2.2 算法：通往智慧的一小步

在人工智能时代，大数据是基础，算法才是核心。如果只有规模宏大的数据，却没有强有力的算法，那么即使有上亿的数据资料，也只是一盘散沙。

在人工智能发展的历程中，产生了多种算法。例如，从早期的逻辑应用到20世纪80年代的专家系统，再到如今的回归算法、关联规则学习算法、聚类算法、人工神经网络学习算法、深度学习算法等，整个人工智能的演进史也是计算机算法的演进史。

人工智能的智能程度取决于算法的优化、智能程度。与之前的大数据分析技术相比，人工智能的算法立足于神经网络，进而衍生出深度学习算法。深度学习算法使数据处理技术又往前迈了一小步，让人类的文明又上了一个新的台阶。

2.2.1 人脑"移植"：专家系统

在人工智能发展的最早期，机器智能只会根据逻辑进行一些简单的"智能"操作。例如，那个年代的机器如果能够"走迷宫""下跳棋"，在当时就已经算高科技了。

到了 20 世纪 80 年代，只会一些简单操作的人工智能机器远远满足不了现实生活的需求。当人生病时，就要去找医生；当人有不懂的问题时，就要去找老师询问；当人有心理困惑时，就需要去询问心理医生。而这些问题都是相对比较复杂的问题，一台机器仅凭逻辑思维，很难满足我们的需求。

只要存在需求，就会有满足需求的方法，人工智能的发展也不例外。

20 世纪 80 年代的科学家开始为计算机注入专业的知识，如医学知识、金融学知识、科学知识、历史知识等。当计算机系统内有专业的知识时，那么计算机就相当于有了一颗"人脑"，计算机就会自主地为人们答疑解惑，这是人工智能的又一次伟大胜利。

与其说是人工智能的胜利，不如说是专家系统的胜利。那么什么是专家系统呢？

专家系统是形而上的、形式化的智能操作系统。虽然计算机被注入了专业知识，但是它不能像人类一样进行辩证思考，不能用活泼幽默的语言向我们倾诉。因此，专家系统是一种形而上的操作系统。

对于专家系统，我们应该用辩证的思维方式来看待。

一方面，我们应该承认早期专家系统对社会发展的贡献；另一方面，我们也要考虑专家系统后期与时代脱节的落后性及自身的局限性。对专家系统辩证看待的三点意见如图2-1所示。

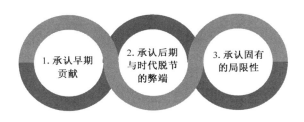

图2-1　对专家系统辩证看待的三点意见

第一，我们应该承认科技在发展的早期对我们的生产和生活做出了不可磨灭的贡献，专家系统也不例外。早期人造的专家系统是一些固定的系统，这一系统能够最大限度发挥计算机的处理能力，同时能够有效结合人类在实践中取得的经验知识。这样做可以对相关问题进行合理、规范的推理，最终达到提高工作效率的目的。

第二，当专家系统发展到后期，就出现了与时代脱节的明显问题。另外，专家系统发展到后期，又需要大量的资金投入、科研人才的投入。即使是进行商业落地，也明显会得不偿失。

第三，我们应该清晰地认识到，专家系统有着明显的局限性。综合来讲，虽然专家系统标榜"智能"，但与人相比，它只是冷冰冰的机器，毫无温情可言。另外，专家系统内的知识，不是机器主动思考的结果，而是人们智能的转移。这时的机器根本不会进行自主学习，它全靠人工输入的相关程序进行操作，所以，显得很生硬，没有人情味。具体可以从以下3个角度来理解。

（1）专家系统无法进行深度学习。虽然专家系统程序的输入能够使计算机在局部范围内有一定的认知能力，但是这种认知是程序化、机械化的，完全达不到深度学习、自主学习的程度。

（2）专家系统没有创造性思维。创造性思维是人特有的思维方式，这需要基于一定的想象能力。然而，智能机器只是一台有相关程序的机器，虽然它能够进行一定程度的推测，但这种推测是人赋予它的能力，而不是它自己生成的能力。

（3）专家系统在遇到知识以外的问题时会陷入"瘫痪"状态。人类的强大就在于能够根据环境的变化，积极发挥主观能动性，通过自我的联想和想象能力进行探索，同时人类会采取科学的方法进行研究，如定性研究和定量分析。最终人类会凭借自己的智慧，找到事情发展的原因，探究相应的规律，并且进行归纳。然而，专家系统下的机器却根本无法进行这样的探索，因为机器无法思考。

专家系统只是人脑的"移植"，而并非人类思维的移植。人类的思维可以是高深莫测的,可以是有条不紊的,可以是有理有据的,也可以是无厘头的,甚至可以是瞬息万变的。人类的思维包括感性思维和理性思维两个层面。而专家系统下的智能机器只有理性思维,没有感性思维。所以,专家系统下的智能机器的能力是有局限性的。

既然专家系统只是一种智能的应用工具,那么我们在操作时也必须在使用范围之内应用,否则会造成巨大的损失。我们不能万事都依赖专家系统,专家系统很难自己产生知识,更难成为行业内的顶尖专家。所以,专家系统下的智能机器只能提高效率,节省人力,但是不能超越人,更不用说完全替代人了。

综上所述,专家系统类的学习方法虽然效率低,但是也曾经发挥过一定的作用。对于未来人工智能的发展,我们还需进行更多算法的引入,最终目的是使人工智能能够更具有人情味,像人类那样进行思考。

2.2.2　神经网络,让计算机模拟人脑

神经网络算法,简言之是让计算机模拟人脑的一种算法,这种算法是一种智能的算法,它能够模拟人脑的处理方式,具有自主学习、合理推理、超强记忆等方面的功能。

神经网络算法的一个核心思想是分布式表征思想。因为人类大脑对事物的理解并不是单一的,而是一种分布式的、全方位的思考。

但是这一算法在人工智能界并不被全员看好。在神经网络算法发展的历程中，有过热议，更有过质疑，甚至一度引起非议。

从整体来看，神经网络算法的历史要早于人工智能发展的历史，但是这一算法对于人工智能的快速发展无疑有着革命性的影响。

最早的神经网络并不是一个计算机领域的术语，而是一个神经学科的术语。现在，人工神经网络是机器学习的一个重要分支，目前包含数百种不同的算法。其中比较著名的算法包括感知器算法、反向传播算法（BP）、卷积神经网络算法（CNN）及循环神经网络算法（RNN）等。

神经学家沃伦·麦卡洛克和沃尔特·彼茨提出了神经网络的假说。他们认为，人类神经节是沿着网状结构进行信息传递、处理的。后来，这一假说被神经学家广泛运用于研究人类的感知原理。

另外，早期的一些计算机科学家也借鉴了这一假说，并把它成功运用到人工智能领域。因此，在人工智能领域，这一方法又被称为人工神经网络算法。神经网络算法与生物学神经网络如图2-2所示。

人工神经网络算法其实是一类模式匹配算法，它仿照人脑接收信息的方式，对计算机进行相应的编程。这种算法通常用来解决分类及回归问题。

第 2 章
超级智能离不开"大数据+算法+服务"

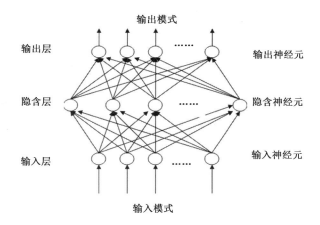

图 2-2　神经网络算法与生物学神经网络

一般来讲，大脑在接收外来信息时，会经过一系列的条件反射，进行迅速思考后，再给出一个具体的反应。当然，这个反应过程是很快的，只是我们在具体的认知活动或行为活动中没有在意而已。或者说，我们只是把它当作一种本能，根本就没有进行深入的研究。

然而，神经学科学家这样做的目的，一是为了科学研究，二是为了治疗神经方面的疾病。科学总是会有奇妙的偶合，特别是跨学科、综合类强的科学研究。

在人工智能领域，科学家的最初设想很简单，就是让机器像人一样会说话、会看、会交流沟通。然而，却没有一个入门之道。

当人工智能领域的专家了解到神经网络的假说时，他们有了一个很好的想法。

他们认为计算机的程序也应该像人类的神经组织那样，有一个接触事物并自我思考，形成反射再做出回应的动态过程。

于是他们在算法的基础上，大致按照"输入层—隐含层—输出层"的思路进行设计。其中隐含层是算法的核心，在隐含层，计算机能够进行自我"思考"，把相关的信息进行综合处理，加工创造，然后给出更合理的解答。

第一个把神经网络原理成功地应用到人工智能领域的是罗森·布拉特教授，他是康奈尔大学的一位心理学教授。在1958年，他成功地制作出了一台能够识别简单的字母和图像的电子感知机，并引起了强烈的反响。当时计算机领域内的专家更是有诸多的联想，他们预测在几年后计算机将会像人一样思考。

但是早期神经网络算法尚在发育期，另外，计算机的运算能力相对较差，使神经网络算法一度停滞。

回顾神经网络算法的历史，我们不难发现，神经网络算法曾几度繁荣，而且取得多项举世瞩目的成绩，也历经了质疑、冷落、批判。

20世纪40年代，科学家根据神经网络原理提出了M-P神经元和Hebb学习规则；在20世纪50年代，他们发明了电子感知器模型与自适应滤波器；在20世纪60年代，他们又利用这一原理开发出了自组织映射网络、自适应共振网络等新的方法，当时的许多神经计算模型都为计算机视觉、自然语言处理与优化计算等领域的发展奠定了基础。

可是在 1969 年，神经网络的发展却遭遇了"滑铁卢"。被称为人工智能之父的马文·明斯基在这一年出版的《感知机》中提到，人工神经网络算法难以解决"异或难题"。之后，他在采访中也同样对神经网络算法表示担忧。

在后来的一次采访中，马文·明斯基说："我们不得不承认，神经网络不能做逻辑推理，例如，如果它计算概率，就不能理解那些数字的真正意义是什么。我们还没有获得资助去研究一些完全不同的东西，因为政府机构希望你确切地说出在合同期的每个月将会取得哪些进展。而过去的国家科学基金资助不限于某一具体项目的日子，一去不复返了。"

当然对于他的一些看法，有人觉得过于悲观，其实通过读他的著作，我们不难发现，他并不是悲观主义者，他只是表达了对人工智能的适度忧虑。

纵观马文·明斯基的一生，我们必须承认他是人工智能领域的大师，他孜孜不倦的探索精神值得我们后辈不断学习。

神经网络算法在生活实践中还有如下两个方面的缺陷：

（1）该算法的整体最优解还不是很到位，通常情况只能达到局部最优解，这对我们全方位的工作部署造成了一定的困难。

（2）算法在实践训练中，如果时间过长会出现失灵的现象（专业术语为过度拟合）。在这一状况下，神经网络算法甚至会认为噪声是有效的信号。

目前，神经网络算法又向前迈出了一大步。该算法通过增加网络层数能够构造出"深层神经网络"，从而使机器有"自主思维"，有"抽象概括"的能力，再一次掀起了神经网络研究的新高潮。

综上所述，神经网络算法的研究有过辉煌时刻，更经历过无人问津，甚至冷嘲热讽。但是科学的发展是无止境的，相关的科学家也一定会更好地深入研究这一算法，使机器更加智能，使机器能更好地为人类服务。

2.2.3 深度学习到底"深"在哪儿

深度学习（Deep Learning）是现阶段计算机学习算法中比较高级、比较先进、比较智能的一种算法。

深度学习算法中的"深度"是相对而言的。相比之前的机器学习算法，深度学习算法更有逻辑和分析能力，更加智能。

整体而言，机器智能自主学习能力的提升犹如孩子的成长。

从最开始的简单逻辑判断，到基于人工规则的专家系统，机器智能经历了一次质的飞跃，这次飞跃使机器智能更社会化。如果说最初的机器学习处于儿童阶段，那么专家系统学习期则处于青春期，这时机器开始会考虑简单的人情世故了。

从专家系统过渡到神经网络算法，机器智能更加有"主见"。

从被动接收人输入的相关程序到能够根据相关条件进行"自主思考",仿佛从青春期过渡到理智成年期。

深度学习可以简单理解为传统神经网络算法的深化与发展。深度学习算法与神经网络算法相比,又仿佛一个理智的成年人经过经验的积累、研究的深入,成为一名行业内的专家。

传统观点认为,神经网络算法只包含输入层、隐藏层与输出层,如图 2-3 所示。而且隐藏层的层数较少,不能进行深度处理。

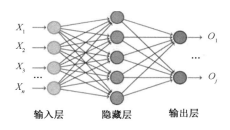

图 2-3　传统神经网络算法的结构

如果数据量大且数据信息的逻辑性强,密切程度较高,那么隐藏层的处理能力也就较强,最终输出层的结果也会更加合理。相反,如果数据量小,数据信息只是七零八落地拼凑在一起,关键词之间的关联度也毫无逻辑可言,那么隐藏层的处理能力就会很弱,会陷入混乱状态,输出层的结果自然就会不理想。

深度学习是传统神经网络算法的进一步优化,两者之间有许多共性。比较突出的是两者都采用了相似的分层结构:算法系统由输入层、隐藏层、输出层构成。特点是只有相邻层能互相连接映射,跨层级别不能连接而且同一层的不同节点不能连接映射。这样的分层结构与人类大脑的结构是极其类似的。

当然，两者之间也有明显的区别，重点在于隐藏层的层级数量。一般来讲，深度学习包含多个隐藏层。通常情况下，深度学习至少包含 7 个隐藏层。同时，神经网络的隐藏层数也直接决定了它对现实的描摹刻画能力。隐藏层数量越多，那么它刻画现实的能力也就越强，它的推断结果与现实也就越接近，计算机的智能程度也就越高。

另外，一般的多层神经网络结构的运行效率低，层数越多，运行时间就会越长。然而，深度学习解决了这一难题。深度学习通过提高硬件性能，如 GPU（图像处理器），增加运行速度，提升运行效率。另外，通过类似于云网络的布局，深度学习还能够突破硬件设备的运行障碍，实现更深层次的扩展。

基于深度学习的种种优势，在人工智能的实际应用领域，深度学习起到了推动作用。例如，这些年人工智能技术最大的发展莫过于产生了声音识别、图像识别、机器翻译等方面的成就。在不久的将来，人工智能还会在医学的深层领域、无人驾驶方面取得重要的突破。

深度学习之所以能够流行和推动人工智能的发展，与其背后默默耕耘的科学家有着密不可分的关系。

深度学习的研究发展与 3 个计算机专家有着深厚的渊源。这 3

第 2 章
超级智能离不开"大数据+算法+服务"

个专家分别是杰弗里·欣顿（Geoffrey Hinton）、约书亚·本吉奥（Yoshua Bengio）和雅恩·乐昆（Yann LeCun）。

杰弗里·欣顿被称为"神经网络之父"，他在计算机研究领域有着传奇故事。

杰弗里·欣顿出生于英国，毕业于英国剑桥大学。他在求学期间屡次换专业，首先攻读化学，之后又转读建筑学。发现建筑学与自己的兴趣不符后，又转读物理学。可他觉得物理学太难，又转读哲学。在读哲学时，他又与自己的老师起了冲突，最后又研读心理学。在读心理学期间，他发现"心理学对意识也一无所知"，不过最终他还是获得了剑桥大学心理学学士学位。

毕业后，他也曾迷茫过，兜兜转转，不知何从。他还做过包工木匠，他并没有轻视这份职业，而只是把这份职业暂时作为生活的需要。在做木匠期间，他不曾停止学习，经常去图书馆查阅关于大脑工作原理的资料。

一年后，他在爱丁堡大学攻读神经网络专业，并进一步做研究。在拿到人工智能博士证书后，他又先后去美国和加拿大继续进行深入的神经网络研究。最终他选择留在加拿大的多伦多大学任计算机专业的教授。

杰弗里·欣顿承认，"我有一种教育上的多动症。"我们不难发现，他的学术追求总是摇摆不定，而且也有过很不顺利的时刻，但是他总是追逐着自己的学术兴趣，并坚持不懈地进行研究。

最终，在计算机领域他成就了自我。他不仅发明了反向传播（Back Propagation）的算法，还发明了波尔兹曼机（Boltzmann Machine），并进一步研究出了深度学习算法（Deep Learning）。

杰弗里·欣顿在一次演讲中说："深度学习以前不成功是因为缺乏三个必要前提：足够多的数据、足够强大的计算能力和设定好初始化权重。"

当云服务功能推出后，借助互联网的巨大优势，我们可以迅速获得海量的数据信息。深度学习能够进一步优化大数据，提取更多精确的信息，而这些信息也基本能够满足我们在商业发展上的需求或其他方面的需求。

综上所述，深度学习一方面推动了人工智能领域的发展，引爆了人工智能革命的浪潮，为电子商务、物联网、无人驾驶汽车等新兴产业带来了更多的机会。但是，我们还应该注意到深度学习不是万能的。就目前来看，深度学习仍然无法代替人类。因为人类拥有情感，这是深度学习还难以跨越的障碍。

在深度学习的道路上，科学家还需要进一步发扬工匠精神，攻坚克难，为使人们的生活更便捷、更智能而不断奋斗；政府应该出台对人工智能发展更有利的政策；相关高科技企业则要为人工智能的商业落地做出更多努力。只有这样，人工智能的发展才会有更广阔的前景。

2.3 服务：机器智能的能力输出

衡量机器智能的标准就在于它的服务能力。人工智能发展的理想目标如下：智能机器人能够帮助我们做体力繁重的工作、程序琐碎的工作，这样人类就可以从事更加富有创造力的工作；智能机器人能够理解人类的真实意图，能够切实与我们进行交互沟通，进一步打破语言障碍、视觉障碍与理解障碍，切实解决生活中存在的问题。在未来，人类能够与智能机器人密切合作，做到人机和谐相处。

2.3.1 用交互来理解人的意图

人工智能的发展如果脱离了服务，那么即使计算机有再丰富的大数据资源，再先进的算法，那也只是一台冷冰冰的机器。

我们的目标就是让智能机器为我们的生活和工作服务。那么如何才能做到呢？最有效的方法就是通过人机交互的方法，使智能机器能够更加理解我们的意图。

人机交互技术（Human-Computer Interaction，HCI）正是这样一项技术。它能够努力使人与计算机相协调，逐渐消除人机系统间的界限，使机器能够更好地理解人类的话语，理解人类的肢体动作，理解人类的情感。

在前互联网时代，我们与计算机的交互方式很单一，只能通过鼠标操作与键盘输入进行交互。虽然在现在看来，这种交互方式效率较低，但是在互联网发展的初期，它确实提高了我们的工作效率。然而，随着科技的进步，特别是计算机算法能力的提升，键盘输入、鼠标操作也就显得效率低下了。

在人工智能时代，我们更应该继续发展人机交互技术，使机器更加智能，使我们的生活更加丰富多彩。

人机交互有 6 种表现形式，如图 2-4 所示。

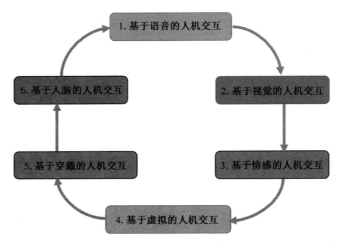

图 2-4　人机交互的 6 种表现形式

第 2 章
超级智能离不开"大数据+算法+服务"

1. 基于语音的人机交互

语言是人类最重要的交流工具。在文字产生之前,人们都是通过口语传播的方式进行信息交流的。随着社会交往的扩大,人们记忆能力又有限,一些优秀的口头故事逐渐消失在历史的汪洋大海中。为了传承优秀文化,人们开始造字。在中国,比较有名的就是仓颉造字的传说。文字出现后,人类的文明开始进入了有据可查的时代。

虽然文字的发明推动了文明的演进,但是在互联网时代,特别是移动互联网时代及人工智能时代,文字传播的效率仍然比较低。

于是计算机的语音识别技术逐渐登上了历史的舞台。所谓语音识别,简单来讲就是让计算机能听懂人说话。在移动互联网时代,语音识别技术在生活领域已经有了比较好的发展。例如,Siri 能够与我们进行一般的生活互动;微信的语音聊天功能,不仅能够进行语音识别,还能够保存语音,向对方发送,这项功能几乎可以替代电话功能了。

在人工智能时代,语音识别技术将会更加先进,一台冰箱、一盏台灯甚至一把椅子,只要我们为它们输入相关的语音识别程序,它们就能够听懂我们的语言,去做相应的事情。这将会提高我们的工作效率及生活质量。

2. 基于视觉的人机交互

基于视觉的人机交互应该说是基于语音的人机交互的延伸。人与人互相理解的方式是多元的，西方相关学者指出，在人与人的交流中，语言占 7%的比重，语音语调占 38%的比重，肢体动作、发型、妆容等占 55%的比重。整体来看，在人际交流中语言部分占 45%的比重，非语言部分占 55%的比重。

在人工智能时代，如果要使机器更加智能，机器仅能够听懂人的语言还不够。机器应该在语音识别的基础上，进一步通过视觉与人进行沟通。

例如，人脸识别技术已经在高铁安检、刑侦破案、刷脸支付、智能手机刷脸解锁等领域取得了不错的成绩，其中，比较有趣的是刷脸支付与刷脸解锁。

智能手机刷脸解锁功能已经随着 iPhone X 的新鲜出炉引发人们的热议。但是，无论是刷脸解锁还是刷脸支付，目前还存在一些技术上的问题。例如，刷脸解锁的功能会受到光线的明暗变化、面部妆容的变化、是否戴眼镜等因素的影响。拿着人的彩色照片，让智能手机进行人脸识别，智能手机也会解锁成功，这也有可能造成隐私泄露等问题。在 Amazon Go 进行购物时，顾客也可能因为人脸识别的失误，造成付款错误。

在人工智能时代，我们的目标是让机器能够更好地进行人脸识别，不仅仅是能够进行一些简单的行为操作，而是能够做到与人类进行更高效的沟通。

3. 基于情感的人机交互

众所周知，人与机器的最大区别就在于，人有感情而机器没有感情。如果要使智能机器具有人情味，就需要为机器输入有关人类情感的知识、数据、程序和算法。

所谓情感交互，就是赋予机器主动生成喜怒哀乐等情感的能力。它利用"情感模型"为机器注入情感思维，从而让机器更好地理解人的情感，并能针对用户的情感做出智能、友好、幽默、得体的回应。

基于情感的人机交互，会使机器更有人的感觉，它能够减轻人们使用智能机器的挫败感。另外，通过深度学习，机器还能够学会更多的人类情感，甚至还能够帮助我们理解自我与他人的情感世界。

总之，基于情感的人机交互能够增加机器设备的安全性，能够使机器更加人性化，使我们的生活更加丰富多彩、妙趣横生。

4. 基于虚拟的人机交互

目前，基于虚拟的人机交互已经进行了商业落地，而且效果很好。现在常见的虚拟交互技术就是虚拟现实（Virtual Reality）技术。

所谓虚拟现实，就是采用摄像或扫描的手段来创建一个虚拟的环境。在这个虚拟的环境中，我们能找到一种与现实世界相似的感觉。在这个虚拟的环境中，我们能够从自己的视点出发，真切地感受到一个逼真的三维世界。在这里，人物是立体的，声音是立体的，我们有一种身临其境的感觉。

常见的虚拟现实技术有电影的 3D 特效，3D 眼镜和 VR 眼镜。

通过 VR 眼镜，我们能够迅速沉浸于电影所营造的虚拟环境中，仿佛我们就是电影中的一员。我们能够不断变换观察的视角，甚至还可以与演员"接触"。在 VR 影像中，我们仿佛是一个旁观者，又仿佛是一个亲身参与者，能够更加全面地了解影片中的人物，是一种很不错的观影体验。

5. 基于穿戴的人机交互

许多人都认为，可穿戴的计算机只存在于科幻电影或科幻小说中。例如，《钢铁侠》的主人公钢铁盔甲就是典型的穿戴型的机器智能。

其实，在人工智能时代，穿戴型的人工智能将不再是梦想。虽然我们不能做到像钢铁侠一样全面武装自己，用智慧武装自己，用科技武装自己，但是我们可以实现部分型的穿戴。

例如，在不久的将来我们可以设计一款智能眼镜，通过对眼神信息的捕捉，直接感知人的大脑的相关需求，从而智能地为我们的大脑输入相关的知识，使我们变得更加有智慧，使我们的做事效率更高。

可穿戴型的智能机器在形态、功能、智力程度上都与如今的笔记本电脑、Pad、智能手机完全不同。可穿戴型的智能机器能够与人体紧密结合，能够感知人类的身体状况、感知周围环境、感知我们的需求，从而为我们的大脑实时提供有效的信息，增强人类的智能。

6. 基于人脑的人机交互

就科学的角度而言，最理想的人机交互形式是基于人脑的人机交互。这种交互方式应该到强人工智能时代才会产生，在目前的弱人工智能时代只是一种幻想。

但是，正是基于丰富的想象力，人类的科技才能取得一次又一次的突破。关于人脑交互技术，相关科学家还有一些初步的设想。核心科技是使计算机测量大脑皮层的电信号，从而感知人类的大脑活动，进而了解人类的需求，解决人类的困难。

综上所述，在人工智能时代我们应该继续发展语音识别技术、图像识别技术及 VR 技术，为人工智能的发展打下良好的基础，为更高效的人机交互、人性化交互制造一个美丽的梦想。

2.3.2 达成人类需要完成的任务

在人工智能时代，新型人机交互的最主要特征就是交互的便捷性与主动性。

所谓便捷性，是指机器理解人的方式越来越多元。原来我们与机器的交流只能通过键盘与鼠标来完成，现在我们与机器的交流可以通过语音、触觉及视觉识别进行。所谓主动性，是指人类可以最大限度地操作机器，像人与人之间的交流那样，自主地、自由地与机器进行沟通交流。

如果说便捷性、主动性强的人机交互方式为人工智能的发展提供了明确的发展方向，那么使机器智能高效地完成人类所需的任务则是人工智能发展的核心，也是人工智能为人类服务的重中之重。

那么，如何才能使机器高效完成人类的任务呢？我们试着从图 2-5 所示的 3 个维度进行思考。

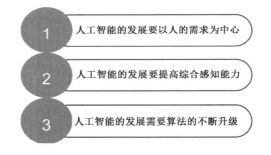

图 2-5　提高机器效率的 3 种方式

第一，人工智能的发展要以人的需求为中心。所谓以人的需求为中心，就是无论从外在形式还是从内部机制，人机交互都能满足不同用户的多元需求。

人与人的沟通交流是复杂多元的，不同人的沟通方式也是独特的、充满个性的。正所谓"聪明人有聪明人的生活情调，普通人也

第 2 章
超级智能离不开"大数据+算法+服务"

有普通人的生活方式",人工智能在未来的发展中不应该只是单调的机器,不应该只有模式化的机器交流语言,也不应该只有一种沟通方式,而是要满足不同人群的需求。

其实,智能机器在未来的地位或样貌应该和如今的宠物狗类似。有些人喜欢泰迪,有些人喜欢金毛,未来的智能机器就应该有多元的体态或性格,从而满足人们多样化的需求。只有满足了人们的需求,人们使用智能机器才会更加有喜悦感,这样才会用智能机器做更多的事情。相应地,智能机器的工作效率才会更高。

第二,人工智能的发展要提高综合感知能力。所谓综合感知能力,就是智能机器也能像人一样,全方位地调动感官来参与沟通交流。只有提高综合感知能力,才能进一步提高智能机器的效率。

在互联网时代,普通的计算机只能通过文字的输入及相关算法的提示来感知人的需求;在移动互联网时代,智能手机能够通过声音识别人的需求,还可以通过人的指纹识别与面部识别来确定谁是自己的主人,可谓向前迈出了一大步;在人工智能时代,智能机器则有望通过全方位的感官来与人进行沟通。不仅是视觉上、听觉上的感官联系,还可以通过与人类的大脑建立密切的联系,感知人的需求。这样就能进一步提高它的工作效率,更好地满足人们的需求。

第三,人工智能的发展需要算法的不断升级。正如前文所述,大数据是人工智能发展的信息储备库,算法才是人工智能的真正"大脑"。如果要进一步提升人工智能的工作效率,科学家就需要在深度学习算法的基础上,根据人们的需要和实践的需求,研发更快捷的算法。

算法的研发不仅仅是科学家的事情，还需要投入大量经费，改革教育，培养更多的人才。

在人工智能时代，人类的生活将离不开智能机器，智能机器也将更有效率地为人类服务。因此，我们要对更加自然、更加高效的人机交互技术的发展充满信心。

第 3 章
智能商业如何落地

以史为鉴，可以知兴替。

回顾历史，我们不难发现，科技最终都是以产品的形式促进社会的发展、商业的繁荣和人们生活水平的提高的。

如今，人工智能的发展早已过了技术炫耀期，已经步入了商业落地期。

随着人工智能从技术到商业化，人工智能到底应该如何进行商业落地呢？

本章将从智能商业落地的三维度、云端一体化、市场需求维度及智能应用等方面进行综合探讨。

第 3 章
智能商业如何落地

3.1 智能商业落地要考虑三个维度

智能商业落地并不是一蹴而就的。

虽然人工智能的发展已经成为时代的潮流，国家的各项政策也都逐渐向这方面倾斜，但是如果盲目地进行科技研发或商业化的投资生产也是十分不明智的。

对于智能商业落地，我们要综合考虑 3 个维度，分别是领域维度、时间维度和深度维度。

3.1.1 领域维度

人工智能不是一个纯粹的行业，而是一个需要与其他行业协作的行业。它能够为其他行业的发展提供智力支持或技术支撑，从而为社会创造更大的价值。

在人工智能时代，纯粹的行业越来越少了。例如，公路、高铁的建设就需要各行各业人才的参与，需要联合使用各项高新技术。总之，这是一个需要全方位合作的时代。只有合作，才能汇集人才、技术、资金等要素，为社会的发展做出更大的贡献。

当然，人工智能也不可能成为一个独立的领域。如果人工智能只是一个独立的领域，那么十年后，人工智能产品估计还只是会下围棋的AlphaGo的高阶形态。这又有什么意义呢？

所以，人工智能要尽快进行商业落地，而且商业落地的领域要广。

人工智能不仅要在传统的农林牧副渔等行业进行落地，还要在如今的产品制造业、交通业、物流业、医疗业、教育业等领域进行商业落地。总之，要做到跨领域、全方位的商业落地，这样才能满足不同行业、不同人群的需求，才能让人工智能的发展效果最大化。

既然领域维度已经明确了，那么人工智能如何在各行业进行落地呢？

其实这就需要综合运用大数据信息，进行深层次的市场挖掘。在此基础上，进一步发挥我们的创造力，研发新的人工智能产品，满足人们的需求，实现人工智能产品的价值。

例如，在电商行业，在小学生图书消费领域，我们可以借助淘宝的大数据信息，分析小学生都爱读什么种类的书籍，或者分析小学生必读的书籍。根据他们的需求，制造出智能的机器人故事讲解员。

这类机器人故事讲解员并不是冷冰冰的机器，而是多才多艺的达人。大数据为它们提供了海量的优秀故事、各地的方言及各种富有魔力的嗓音。算法为它们提供了清晰的逻辑，它们能够更加轻松地与儿童进行交流。在种种技术的助力下，机器人故事讲解员就能够很容易与儿童打成一片，成为孩子们的老师或玩伴，孩子们也可以有一个更加充实的童年。

人工智能能做的事情还有很多，只要有大数据，借助高级的算法，就可以充分发挥我们的主观能动性，让人工智能在各个行业、各个领域生根发芽，逐渐走向繁荣。

3.1.2　时间维度

人工智能由研发到商业落地，大致需要经过两个时间维度。一是新技术在开发期不能立即投入商业生产，有一定的时间差；二是目前的技术水平不能满足人们更为多元的需求，新技术在商业落地时，也遵循从低级到高级的递变规律。

任何新技术从发明到商业落地总会存在时间差，成功的商业化运营总是建立在技术的基础上的。

如今，人工智能的发展已经是大势所趋，商业模式也必然会产生一系列的新变化。无人售货的商业运营模式快速发展，这一运营模式也是基于人工智能领域视觉识别技术的发展。

以 AlphaGo 为例，第一代 AlphaGo 名为 AlphaGo Fan，它打败了围棋高手樊麾，当时在硬件上使用了 176 个 GPU；第二代 AlphaGo

名为 AlphaGo Lee，它于 2016 年 3 月以 4:1 战胜李世石，当时在硬件上使用了 1920 个 CPU 和 280 个 GPU；第三代 AlphaGo 名为 AlphaGo Master，它于 2017 年 5 月以 3:0 战胜柯洁，当时在硬件上使用了 4 个 TPU，计算能力大大提升；第四代 AlphaGo 名为 AlphaGo Zero，凭借深度学习技术，它于 2017 年 10 月以 100:0 战胜 AlphaGo Master，当时在硬件上使用了 4 个 TPU。由于硬件和算法的进步，AlphaGo 变得越来越高效。

仅用 72 个小时，AlphaGo Zero 就战胜了击败柯洁的 AlphaGo Master，这也表明，优秀的算法不仅能降低能耗，也能极大地提高效率。从技术层面上来说，AlphaGo Zero 之所以能战胜 AlphaGo Master，是因为它的算法有两处核心优化：一是策略网络（计算下子的概率）；二是值网络（计算胜率），AlphaGo Zero 将策略网络和值网络这两个神经网络结合，提高了效率。另外，AlphaGo Zero 还引入了深度残差网络（Deep Residual Network），这与之前的多层神经网络相比效果更好。

关于 AlphaGo 取得的令人震惊的成绩，AlphaGo 之父戴密斯·哈萨比斯（Demis Hassabis）说："最终，我们想要利用它的算法突破，去帮助人们解决各种紧迫的现实问题，如蛋白质折叠或设计新材料。如果我们通过 AlphaGo，可以在这些问题上取得进展，那么它就有潜力推动人们理解生命，并以积极的方式影响我们的生活。"可见，AlphaGo 最终也是要实现商业化的。

以上种种现象都说明同一个问题：技术的进步只是商业运营的

第 3 章
智能商业如何落地

第一步。有了技术，凭借技术发展这种新的商业模式，创造竞争优势，才是商人应该有的技能。如今，人工智能在算法、神经网络、硬件芯片等技术方面不断突破，当然，在人工智能时代，成功的商业运营模式必然也离不开大数据、云计算、视觉识别、深度学习等新技术的更新迭代。总之，人工智能技术的更新迭代是让人工智能从技术层面走向商业化的基石。

人工智能的时间维度还体现在人工智能应用层面，比如，人工智能应用始于语音交互，接着是图像视觉，然后是行动力、心理情绪，最后可能是人性化。当然，人工智能在应用层面的不断加深，离不开人工智能技术的更新迭代。

目前，人工智能技术的发展存在局限性，人工智能在应用层面停留在智能音箱、金融、交通、零售等层面，还不能满足人们更为多元的需求。这也证明了人工智能发展的另一个时间维度，技术的进步满足不了人们的需求，技术的商业落地也需要遵循时间顺序，由低级到高级不断发展。

商业落地在时间维度方面的典型案例就是人类的飞天梦想。

在上古时期，我们的祖先非常羡慕自由飞行的鸟儿，也憧憬着能够飞翔。可是我们没有翅膀，我们只能在神话故事中赋予人飞天的能力。中国比较有名的神话故事就是嫦娥奔月，这个故事表达了人类对飞天的渴望。

在封建社会，我们的飞天梦想依然在延续。中国比较有名的是万户飞天的故事。据说,在夜里,万户在椅子上绑了 47 支火箭,手里拿了两盏孔明灯,让人点燃火箭,然后自己飞向茫茫的天空,最终人们却在一片残垣断壁中发现了他的尸骸……

当我们跟随着时光的脚步走向了 20 世纪,莱特兄弟根据仿生学原理、空气动力学原理及其他相关物理学原理,并结合当时的科技,制造出了人类史上第一台能成功飞天的飞机。

如今,航天航空技术越来越先进了,坐飞机出行,已经成了一种普通的出行方式,但人类为此奋斗的历程是值得永久纪念的。

人工智能在商业落地的早期,也许不能满足我们更为多元化的目标,但是我们可以一步步地进行尝试,直至做到最好。

如今,人工智能技术已经在人脸识别等感知领域取得了成功,接下来,走在人工智能前线的科技工作者就需要结合人们的真实需求,使人工智能在认知层面、决策层面甚至创作层面不断进步;商业经营者也需要不断创新商业运营模式,为人工智能的商业落地提供一个自由、良好的商业环境。

3.1.3 深度维度

当我们深入实践,深入具体的商业场景,就会发现现有的技术很可能落后于实际情况,或者我们的科技不能与市场接轨,甚至不能满足人们现在的真实需求。总之,新的技术在进行商业落地时,

第 3 章
智能商业如何落地

总是与我们的美好想象不同。

从商业落地的深度维度来考虑，目前人工智能的技术水平只停留在感知领域，如指纹解锁、人脸识别等。在认知、决策和创作等更深的领域，我们的研发能力还很有限，更不用说商业落地了。

面对这种情况，我们就需要有长远的眼光，不能只看眼前，而是需要培养自己的深度思维能力，让产品能够引领未来 5～10 年的需求。

在人工智能的技术深度上，只有不断钻研新的算法，才能提高智能机器的综合能力，特别是综合思考的能力。但是随着人工智能的商业落地，我们必须在产品的深度上培养自己的战略眼光。那么如何才能在产品落地层面促进人工智能的深度发展呢？具体如图 3-1 所示。

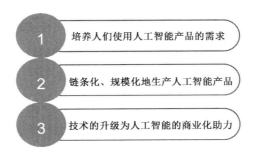

图 3-1　建立 人工智能产品深度的三部曲

第一，培养人们使用人工智能产品的需求。任何商品，只有满足人们的需求，才会有进一步发展。要想使人工智能产品能够在市场立足，也必须满足人们真实的需求。

这里先给大家讲一个比较有意思的哲学故事。

有两个推销员，都去一个原始部落卖鞋。到了这个部落后，他们发现这里的人都不穿鞋子。

第一个推销员心想："真倒霉！跑了这么远，鞋子在这里竟然没有市场需求，连路费都赔进来了"。于是他黯然离开了。

第二个推销员心想："真幸运！这里的人竟然不知道鞋子为何物。只要培养他们穿鞋的习惯，那么我就可以成为'第一个吃螃蟹的人'了，我的鞋子必然会大卖"。

结果，第一个推销员因为悲观的态度，在生意上并没有取得成功；第二个推销员，在具体的推销过程中，向当地居民详细介绍鞋的好处，慢慢地这里的人们认为鞋是对他们极为有利的工具，这个推销员自然就取得了成功。

人工智能产品的长远发展，首先也需要培养人们的使用习惯。

具体做法是要向人们普及人工智能的知识，为人工智能正名。所谓正名，就是让人们对人工智能的发展有一个乐观的、积极的态度。目前，社会中仍存在人工智能将会导致人类毁灭的观点，所以，很多人都反对发展人工智能，甚至一些顶级的科学家也对人工智能的发展持消极态度。

我们在进行人工智能商业落地时，需要将人工智能商品的各种便利功能进行详细的解释。当人们真正得到实惠后,就会逐渐接受人工智能产品。

第二,链条化、规模化地生产人工智能产品。所谓链条化,就是要建立起人工智能产品的产业链条。人工智能作为一项技术几乎可以融入任何领域。下面我们以影视生产制作为例,具体讲解人工智能如何链条化。

在影视文化生产的过程中,导演或剧作家结合自己的生活实践,创作出独具一格的作品,如张艺谋导演的《活着》和《归来》。《活着》曾获得多项大奖,可是《归来》只在文艺青年那里比较卖座,其他人却认为不值得观看。

如今,导演除了结合自己的生活实践,还可以利用大数据技术了解人们的观影需求,制作出更能满足人们精神需求的作品。这样不仅可以保证质量,还可以有不错的票房。例如,人们现在喜欢科幻作品中的那种大场面,我们就可以在影视作品中添加一些超级人工智能元素,使人们获得观影的娱乐感。

在影视生产的下游,可以把影视作品中的人工智能产品做成各种各样的纪念品。

所谓规模化,就是要联合各种要素(区位要素、原材料要素、人才要素及技术要素等)把人工智能产品的成本压缩到最低,扩大生产,从而满足多元化的市场需求。

第三,技术的升级为人工智能的商业化助力。人工智能产品想要越来越先进，就需要计算机的算法越来越先进。只有在算法上进一步发展，人工智能产品的功能才会越来越多元化、个性化、智能化，才能在认知、决策及创作领域得到人们的认可。这样，人工智能产品才会更长远地发展。

只有在满足需求、规模生产、技术升级的协同带动下，人工智能产品才会更加多元，更加具有深度思考的能力，更加能够适应市场需求，才能更长远地发展。

3.2 商业落地核心：云端一体化

我们在第 2 章讲到，机器智能时代的核心是"云端一体"，其实，人工智能商业落地的核心也是"云端一体"。

"云端一体"到底意味着什么？这意味着人工智能设备不再是单一化的设备，而应该是一个为人提供各式各样服务的设备。所以，人工智能类的设备应该不断理解人，不断发展新的功能，以便为人类提供更加智能化、人性化的服务，这样才算是真正实现了智能。

所以，人工智能产品想要实现商业落地，我们在设计产品时必须体现"云端一体"的思想，以"端"作为交互方式的入口，以"云"实现人类意图，从而让产品实现真正的智能。

3.2.1 终端：交互入口

目前，时代的发展正处于移动互联网与人工智能发展的交会时刻。此时，智能产品的终端仍有很高的市场占比，因为与网页搜索提供的服务相比，良好的终端服务更加高效便捷、个性十足。终端是我们与智能机器的交互入口，如果终端的交互方式简单易行、人性化，那么我们的生活也会因此而更加精彩。

在移动互联网时代，智能产品的终端就是智能手机的 App。App 的种类是多元的，满足了人们的不同需求。当你饿了的时候，通过"美团"或"饿了么"等 App 可以轻松订餐；当你想要听优美动听的歌曲时，"酷狗音乐""网易云音乐"会为你提供海量的歌曲，特别是"网易云音乐"的自主推荐功能（见图 3-2），能够为我们提供个性化服务；当你想唱歌的时候，又有"唱吧"等 App 为你提供各种技术上的支撑。有了"唱吧"，三五好友再配上一个空间，随时都有一种 KTV 的感觉；当你想看书的时候，"QQ 阅读""书旗小说"等 App 会为你提供海量书籍。

图 3-2 "网易云音乐"的自主推荐功能

总之,在移动互联网时代,智能手机的终端为我们提供了更加便捷的服务。可是智能手机的终端就是最快捷高效、最人性化的吗?

在移动互联网时代,我们姑且可以这样认为。可是在人工智能时代,智能手机 App 的各种弊端也逐渐暴露。例如,不同需求需要多种不同的 App,而且有些游戏 App 占用的内存较大,会影响手机的使用。另外,在 App 上的搜索,基本上都是通过输入文字信息、通过触屏进行的,一些不识字的老人根本不知道如何操作。

第 3 章
智能商业如何落地

各种智能设备的发展是为了服务于人，而不是让人丧失社会交往能力，更不是让人成为智能手机时代的"容器人"。

所以，在人工智能时代，智能产品的终端就要更加人性化。具体来讲，智能产品的终端要能够一端多用，而且能够在算法的推动下，主动利用大数据信息，为我们自主推荐高质量的信息。同时，智能产品的终端拥有良好的语音识别技术及视觉识别技术，我们就能够与其进行交流，这样就大大降低了使用智能产品的门槛。

天猫精灵的研发与应用无疑揭开了人工智能终端的新篇章。

天猫精灵是一款神奇的设备，它虽然小，但功能强大。它能够听懂人们的谈话，而且能够与人们进行有效的沟通交流。即使不用手机，人们依然能够体会到其强大的服务功能。

在人工智能时代，天猫精灵的研发与生产只是"片头曲"。后续我们也必然会研发出更加强大多样的智能终端，谱写更丰富动听的"插曲"。

例如，洗衣机就可以是一个智能终端。只要告诉它"我要洗衣服"，把脏衣服放进去后，它就会自动分类处理，而且会自动选用不同的洗衣用品，使衣物更加清洁。同时，这款洗衣机还有智能扫描功能和语音播报功能，就像人一样，能听到声音，会说话。在开洗之前，它会自动扫描所有衣物，看是否存在重要物品或易毁坏物品，如钱包、重要单据等。如果有以上物品，它会主动告诉我们，让我们取出后，它再自动加水清洗。

总之，在人工智能时代，智能终端要能够充分完善用户体验，进一步降低用户使用的门槛，同时更要提供优质多元的服务体验，这样才能使用户在终端使用环节感觉轻松舒适。当然，仅仅通过终端是不太可能完成这些的，更需要云端为其提供强大的智力支撑和基础支持，毕竟"云端一体"是人工智能发展的趋势。

3.2.2 云：智慧大脑

"云"是一个很有文艺感的科学概念。云计算有可能是借鉴了量子物理学中"电子云"这一概念。所谓云计算，就是要重点地、形象地说明算法具有范围的弥漫性、分布的随意性及强有力的社会性特征。也许科学家看到云时而漂泊、时而汇聚、时而单一、时而多样的状态，才把这一自然现象应用到科学中来。

同时，云计算具有强大的能力，能够把大数据、设备应用、信息管理、网络安全等信息有效地集结在一起，构成一个复杂高效的网络系统。在这一系统下，智能机器就能够自主地学习，更加人性化地为我们服务，所以，我们把"云"形象地称为"智能机器的智慧大脑"。

在移动互联网时代，我们始终强调个性化服务，即资源信息在推送时要做到定向推送。而做到这些，就离不开云计算强大的数据处理能力及信息整合能力。在人工智能时代，云端服务必将是智能信息技术发展的趋势。

第 3 章
智能商业如何落地

李飞飞目前是人工智能领域的顶级专家,他的主要研究方向为计算机视觉、机器学习及认知计算神经学。他曾经任美国斯坦福大学计算机系副教授,2016 年加入 Google 后,担任 Google 云端人工智能领域首席科学家。

李飞飞在谈到人工智能与云计算时曾说:"人工智能已经到了可以真正走进工业、产业界,为人类服务的阶段。这个阶段不是最后一个阶段,但是人工智能发展了 60 多年,第一次有这样的机会。什么样的平台可以让人工智能加入各种行业?云是个当仁不让的平台。因为只有云平台可以让企业把它们的数据都放上来。只有云能让企业有机会通过数据、计算平台和人工智能的算法解决它们的问题,增强它们的竞争力。云能最大限度让业界受益于人工智能。"

总之,云平台具有海量的数据资源和强大的计算能力,如果赋予人工智能强大的云计算能力,则会使亿万百姓受惠。同时,融合后的云计算具有更加主动灵活的特性,能够更加智能地为用户服务。

云,相当于计算机的大脑,也可以说是智能产品的大脑,它具有人类的理解能力和反馈能力。云算法的提高必将促使人工智能进一步发展。可是,就像人脑会出错一样,计算机的云算法也会造成一些不良的现象。例如,个人隐私被泄露、国家安全问题、运算程序出问题陷入瘫痪等,具体内容如下。

一方面,安全问题一直是云计算的软肋。企业在启动云服务时,要做到绝对的隐私化处理，保证公司内部资料和数据的安全。网络上存在很多黑客，他们会根据相关利益，利用网络技术入侵其他企业的内部网络，窃取大量机密，导致公司的利益受损。

另一方面，云计算基础下的智能推荐系统也会出现不好的状况。百度搜索下的智能推荐本是一种比较好的智能功能，当我们浏览到感兴趣的人或事情时，下一次它会为你自主推荐相关的信息，这样为我们节省了很多时间。可是，智能推荐也存在弊端，我们要用一分为二的观点来看智能推荐功能。

例如，当一个喜欢深度阅读的人在"今日头条"上偶然看了一条娱乐八卦消息，之后"今日头条"的智能推荐总是推送一些娱乐八卦类的消息，这样反而会引起用户的强烈不满。更可恶的是，一些强制推送的广告类文章，你还必须浏览，如果不慎点开，那么系统整天都会为你推送一些无用的文章，这对我们获取有效新闻是很不利的。

互联网时代，网络社会是一个虚拟的空间。在人工智能时代，这种虚拟空间将会进一步扩大。在汪洋似海的大数据中，云计算偶尔出现一些偏差，那么结果就会大大不同。结果不同，我们的行为导向自然也不同，最终我们的策略也会不同。

在这个虚拟的空间，数据云集的空间，云计算偶尔失误也是难以避免的，但是如果总是出现问题，那么就是信息管理人员的失职。对网络云进行合理的监管，促使云计算更能合理地为我们服务则是我们应该关注的重点。

建立云安全管理平台是一个不错的想法。这一平台能够综合协调各种安全能力，可以有效对云网络进行信息监管，做好整个云网络内容的安全防护，同时也能使我们的生活更加无忧。

在人工智能时代，云计算技术与智能服务模式依然在快速发展。只有网络云的数据安全、高质高量，云计算的能力才会更加精确、科学、富有人性化。只有打造一个全面的云安全管理平台，人工智能的商业落地才会更进一步。

3.2.3　云端一体：普惠+自由+服务于人

人工智能的发展需要智能终端提供便捷的交互入口，需要网络云提供海量的数据和超强的计算能力，更需要我们结合云与端，提供更好的服务。具体做法是运用平台化的技术能力，使智能机器云端一体。云端一体的最终目标自然是研发更好的人工智能产品，为人们提供更加普惠、更加自由的服务，如图3-3所示。

图3-3　云端一体化的三大原则

所谓"普惠",简单来说就是应用更加普及,即人工智能的发展从工具到机器,操控智能设备的人群从工程师变为老人和孩子。

所谓"自由",是指人工智能通过强大的云端服务整合,突破应用服务的界限,给人以自由。

所谓"服务于人",是指云端一体的人工智能产品将摆脱单一功能化的限制,以满足人的场景需求为第一要务,通过满足人的各类场景需求,达到为人类服务的目的。

云端一体化是智能商业落地的核心,我们在设计产品时必须遵循"普惠""自由""服务于人"这三大原则,重新定义智能产品。

在应对人工智能这场全新的技术革命及智能商业落地时,重中之重就是要建立新的营销与服务准则。只有强化服务,才能赢得客户的信任,最终才能提升人工智能产品的核心竞争力。

目前,人工智能发展的商业模式还是简单的销售模式,即有什么产品就卖什么产品。人工智能的研发与生产还处于起步阶段,目前还不能满足人们日益多元化、个性化的产品消费需求。整体来看,人工智能商品的服务体系也处于不完善的阶段。

在这一背景下,谁要是在利用技术的基础上提高了服务能力,那么他就必然会抓住商机,创造辉煌。而提高综合服务能力的基础就是打造云端一体的新产品,进而满足人们多样化的需求,提高服务质量。

第 3 章
智能商业如何落地

在移动互联网时代，人们已经开发了许多智能手机操作系统，如安卓系统、iOS 系统等。同时人们也开发了一些人机交互体验方式，如语音交互、人脸识别交互等。另外，近年来网络大数据又处于实时更新的状态，算法的能力也逐渐提升，这些都为人工智能的云端一体打下了良好的根基，云端一体的产品也必然会为人们提供更好的服务。

那么，在人工智能时代，如何打造云端一体的新形态，更好地使它为我们的生活服务呢？具体方式如图 3-4 所示。

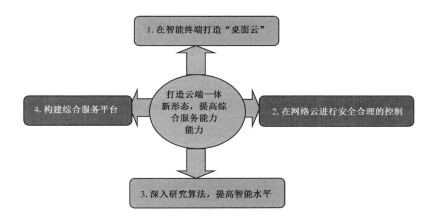

图 3-4 打造云端一体新形态，提高综合服务能力

第一，在智能终端打造"桌面云"。关于"桌面云"，IBM 的定义如下："可以通过瘦客户端或者其他任何与网络相连的设备来访问跨平台的应用程序，以及整个客户桌面"。建立"桌面云"的目的是为客户打造一个核心入口，使之成为了解客户需求的常用渠道。

人工智能产品的运营商可以通过"桌面云"这个入口，绑定核心产品及相关应用，为客户推荐智能产品，从而提高智能产品的曝光率，促进智能产品的商业落地。

第二，在网络云进行安全合理的控制。网络云上存储着海量的信息，而这些信息未必都是有效的、科学的，我们就需要建立一个云上的信息管理平台，自动屏蔽垃圾信息，从而使社会进步，使人们的生活更加美好。

第三，深入研究算法，提高智能水平。在计算机算法上，云计算必备的能力是个性化推荐接口、打造良好的业务行为分析系统、根据热点信息进行系统分析、提供商业智能报表服务等。只有人工智能产品具有这样的计算能力与功能，个人和企业才会争相购买。

第四，构建综合服务平台。人工智能的综合发展、全面的商业落地，还需要在云端一体的基础上，进一步构建面向用户的综合服务平台。只有人工智能产品的综合能力突出，产品才能赢得人心，获得大众的喜爱，商业落地的能力自然而然就会提高许多。当然，构建综合服务平台，需要联合各方面的力量，需要更多的研发经费及各行业的人才。总之，人工智能运营商若想在竞争中占据优势，就必须打造优质的星级服务。

智能商业落地不是一蹴而就的，运营商应该在云端一体的技术基础上，充分提高自己的商业服务意识，最终使自己的智能产品服务更加普惠，更加凸显自由，更加能够服务大众。

3.3 云端一体带来的生态变化

从狭义上来讲，生态是一个生物学、环境学术语，但是从广义上来看，生态就是一个能共存的环境。

在自然环境下存在一系列的生态变化，在社会环境下也存在一系列的生态变化，在科技环境下，更是存在一系列的生态变化。例如，从 PC 时代的 EXE 到移动互联网时代的 App，再到人工智能时代的 Skill。

生态变化如果向好的方向发展会促进社会进步，反之，则会使社会发展进入停滞阶段，甚至出现倒退现象。

当商业发展进入一个新的产业变革期，往往会有新的商业力量大规模来袭，由此会导致商业环境急剧变化，这些变化极有可能使先前的商业价值链整体坍塌。

在人工智能时代，科技生态变化的根源就在于云端一体的研发与应用。所谓云端一体，就是大数据结合云计算，共同促进人工智能的发展。云端一体带来的生态变化如图 3-5 所示。

图 3-5 云端一体带来的生态变化

云端一体使社会生态更加自由、更加智能，使人们的生活更加美好。

3.3.1 EXE：PC 时代开放生态

EXE File 即可执行文件。EXE 可以被存放到计算机磁盘中，可以通过操作系统加载执行程序。PC 时代，可谓是 EXE 独步的时代。虽然现在已经进入了移动互联网时代的后期与人工智能时代的起步期，但是 PC 端的 EXE 仍旧发挥着重要作用。

在 PC 时代，所有的软件都是从互联网上下载的。我们直接下载一个 EXE 文件，就能在自己的计算机中执行相关程序，之后就可以进行相关操作。

总之，在 PC 时代，没有 EXE 完不成的事情。

在 PC 时代，我们的社会生态、科技生态可谓是一个完全开放的生态。不管你用哪个品牌的计算机，EXE 都能完好无阻地运行。因为 EXE 只是提供了一个硬件的能力，所以，计算机的品牌对它

第 3 章
智能商业如何落地

没有任何约束力。

在这样一个开放的科技生态里,我们的生活更加自由、美好。

我们可以借助计算机平台,利用互联网技术,了解我们想要知道的一切,欣赏美丽的风景图片,听一些欢快优美的歌曲,观看一些对人生有益的影视作品。总之,我们足不出户,就能了解世界上瞬息万变的事情。

在这样一个开放的科技生态里,人类的工作效率也大大提升了。

整体来看,PC 时代是鼠标、键盘和互联网构成的时代,越来越多的商业交流都通过互联网展开。在没有计算机版的社交软件之前,如果我们要进行跨国的商业交流,一般都要坐飞机,不远万里地与他人约谈。

到了 PC 时代,我们有了 QQ 计算机客户端,就可以通过 QQ 视频与远方的客户进行交流,再也不用赶航班、倒时差了。这样就大大节省了时间,提高了工作效率。

在这样一个开放的科技生态里,我们的思想也更加开放了。

在 PC 时代之前,有大局观的人都是那些有权力、有文化、有学识的人,因为他们处于社会的上层,他们的视野更加开阔。在 PC 时代,普通人接触到网络后,也逐渐形成了大局观,对自己的成长和发展也有了更高的期待。人们普遍认为,只有懂得并学会开放共享,才会进步、成长。

PC 时代是一个开放的时代，科技生态处于一种开放的状态。在这一状态下，社会生态朝着好的方向发展，我们的生活越来越自由化，我们的工作效率也越来越高，我们的观念也越来越开放。

3.3.2 App：移动互联网应用生态

时光不会停止前进的脚步，只要我们不停止研发，科技会越来越先进、智能。如今，科技的发展大致也是每 10 年一个阶段。2000 年前后，我们就逐渐步入了后 PC 时代。2010 年，随着 4G 技术的诞生与应用，4G 与智能手机结合，我们的社会就步入了移动互联网时代。

在移动互联网时代，智能手机 App 的研发与应用就成了新时代科技的宠儿。

智能手机 App 的中文名称是智能手机的第三方应用程序。世界上比较著名的手机应用商店有 Apple 的 App Store、谷歌的 Google Play Store 及中国的安智市场等。

在应用市场，我们可以为手机下载各种 App。这样，智能手机就能够逐渐替代计算机的部分功能。例如，我们可以随时随地用手机听音乐、看视频、看电子书、与他人进行语音聊天和视频通话。虽然我们也可以通过下载手机版的 WPS 来进行文档编写，但是由于界面小，手机智能输入法的键盘也小，长时间打字也比较累，所以，目前在办公领域，计算机仍然是不可替代的。

第 3 章
智能商业如何落地

App 为什么在移动互联网时代如此令人着迷呢？这与 App 的四大优势密不可分，如图 3-6 所示。

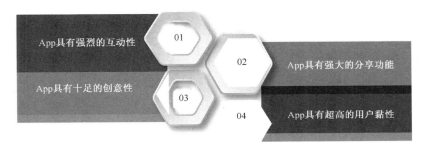

图 3-6　智能手机 App 的四大优势

第一，App 具有强烈的互动性。App 为智能手机提供了比计算机更丰富多彩的互动体验形式。

一方面，智能手机的触摸屏就是一种很好的人机互动体验，这就远远超过了计算机。我们在操作计算机时，只能通过键盘、鼠标来操作。然而，智能手机可以随身携带，再加上触屏功能，我们就可以随时随地进行人机互动。

另一方面，随着 App 研发的深入，智能手机逐渐有了更多功能。各种 App 平台的评论功能就是一种很不错的互动体验。例如，你在网易云上听一首歌曲，就可以看到不同的人对这首歌的不同评价。你在美团上点外卖，就可以看到不同的人对饭菜的评价，从而影响你是否在这家店定外卖。

同时，点赞功能也增加了用户之间的互动性。另外，随着 App

弹幕功能的开发，用户可以进行评论，这更增加了用户之间的互动性。

第二，App 具有强大的分享功能。目前多数 App 都会提供分享功能。例如，当你在知乎上看到了一些比较深刻、比较新颖、比较有趣的观点时，就可以直接使用分享功能，把这个有趣的观点分享到你的 QQ、微信或者微博等社交网站，让更多的朋友了解你的动态，了解这个有趣的观点。同时，微信还有位置分享功能。当你的一个新朋友拜访你时，你直接在微信中给他分享你的地址信息，他通过百度地图的导航，就可以很轻松地找到你，方便快捷。当然，这样的分享功能还有很多，这里就不再逐一列举了。

第三，App 具有十足的创意性。创意十足的 App 总是能够给人带来惊喜。一种新的媒体工具，如果它具有新的呈现方式、互动方式，那么就会真正让用户喜欢，用户会不断订阅。

例如，哔哩哔哩（Bilibili）App 在刚问世的时候，就引起了巨大的反响。在哔哩哔哩上，用户可以自己剪辑视频、上传视频，而且总是带着强烈的个性。我们习惯称其为"B 站"。在 B 站上，有多元化的内容分区，包含动漫、番剧、音乐、舞蹈、游戏、科技、娱乐等。哔哩哔哩最著名的就是其超强的弹幕功能，我们在看一个短视频时，有时看弹幕就能让我们乐翻天，总之它的娱乐性、创意性十足，受年轻人喜爱。

第四，App 具有超高的用户黏性。现在，人们无论走到哪里都会携带手机，简直到了机不离手的境地。有一种形象的说法是，

"出门忘带钱包可以，但是忘带手机则是一件很痛苦的事情"。为什么会机不离手呢？这与 App 的使用密不可分。例如，当我们购物时，可以通过支付宝或者微信进行支付；当我们坐地铁时，可以用书旗小说看一会儿电子书或者用虾米音乐听一会儿歌；当我们上厕所的时候，可以通过游戏 App 玩一些益智类的小游戏。总之，App 的应用使我们的闲暇时间被充分利用，这就大大提高了用户的黏性。

在移动互联网时代，App 的研发与应用具有超强的用户体验，我们的科技生态整体上处于"应用生态"的层面。在这一层面，人们的生活也更加自由化、个性化。

3.3.3　Skill：机器智能服务生态

随着 AlphaGo 屡次战胜人类，我们又一次迎来了人工智能的春天。如今，正处于后移动互联网时代与人工智能时代的交汇时刻，在这样的历史节点，科技生态也将迎来新的变革。我们将由移动互联网时代的应用生态向人工智能时代的机器智能服务生态进军。

随着移动互联网技术的不断升级和 SEO 的不断优化，网页的自主推荐功能也越来越人性化。另外，随着动图技术的提升，以及微信小视频、秒拍小视频的出现、升级，我们可以随时浏览短视频。

这样，我们下载 App、使用 App 的意愿就会弱很多。除非阅读小说或追剧，我们一般也不会主动下载其他 App。

同时，随着微信小程序的研发与应用，一些 App 市场也逐渐被蚕食。整体来看，在人工智能时代，除了那些发展成熟的 App 还能立足，其他的一些毫无个性的 App 将会逐渐被社会淘汰、被市场淘汰。

在新时代，也必将会有新的科技宠儿。人工智能时代，我们的科技新宠将会是"Skill"。

Skill 的中文意思是技能。刚开始时，人们普遍把它称为功能，不过随着时间的流逝，随着人工智能时代的来临，我们也逐渐改口，称它为技能。功能是对物品特性的一种称呼，而技能是对人的本领的一种称呼。

亚马逊从很早之前就开始研发自己的 Alexa Skill（一种人机交互的语音技能）。其实，人机语音交互技术最早进入大众视野可以追溯到苹果搭载的 Siri 时期。但语音技术真正产生影响力，还是在亚马逊成功推出 Echo 音箱后，如图 3-7 所示。

Amazon Echo 音箱可以用"个子虽小，功能俱全"来形容。你可以向它询问新闻消息、天气状况、理财信息等，它都会在理解后，通过语音为你进行合理的解答。

此时，人们才进一步意识到语音技能的强大，了解到语音技能不仅可以应用在智能手机上，还可以应用到我们的生活场景中。

第 3 章
智能商业如何落地

图 3-7　Amazon Echo 音箱及其语音功能

当谈到智能时代的语音功能时，智能 360 的创始人李传丰有着独具一格的解释。在一次谈话中，他说："与其说语音技能，还不如说语义技能。刚开始的时候，大家管这个叫功能，慢慢地，大家都改口叫技能了。其实，我认为更准确的说法应该是语音技能，因为一切语音技能的驱动都建立在语义理解的基础上。"

喜马拉雅的创始人李海波也同样认为自然语音理解、足够的语料分析是语音技能开发的基础。许多第三方开发者开发的 Skill 并不能很好地响应用户行为和需求，用户往往在初步体验过后便放弃使用。技能的打造并不是一件简单的事情，这需要开发方是一个有技术实力的团队，如针对天气应用的问法就有很多种，一般需要平台厂商在深入了解用户的情况下，对各种有可能出现的问法语句一字一句地打磨，以提高语音交互反馈的准确率。

所以，语音技能的开发并不是简简单单地使智能机器听到我们的话语，而是使智能机器理解我们的话语。正是基于对人们语义的深入理解，如今，人机交互技术也越来越智能化。

在人工智能时代，我国多家机构正在逐步研发自己的智能语音产品，特别是以 BAT 为首的行业巨头。

百度主打的语音智能产品是度秘，阿里巴巴主打的语音智能产品是天猫精灵，腾讯主打的语音智能产品是腾讯云小微。这里以腾讯云小微为例进行详细介绍。

腾讯云小微的最大亮点是智能语音交互。腾讯云小微由三大平台组成，分别是硬件开放平台、Skill 开放平台和服务机器人平台，如图 3-8 所示。

1. 硬件开放平台，无论是音箱、电视、玩具、OTT 盒子、投影仪还是汽车，只需要一个 SDK 即可完成接入。

2. Skill 开放平台，包含腾讯自有音乐及各种有声音读物、新闻、笑话、天气等内容与服务，还可以让开发者创建自己的内容和服务。

3. 服务机器人平台，小微机器人就像你的助理，开发者可以不断教它学习，在一定阶段后它可以帮助你做决策。

图 3-8　腾讯云小微的三大平台

硬件开放平台，就是通过一个 SDK（软件开发工具包），腾讯云小微就可以轻松地与多种生活设备相连接，如与我们的汽车连接、与我们的手机连接等。无论是汽车、音箱，还是玩具、投影仪，只要接入腾讯云小微，就能使其快速获得智能语音交互能力。

Skill 开放平台，包含腾讯自有的音乐及各种有声内容。该平台依托于腾讯自有的社交体系，几乎涵盖了用户生活的各个方面。

它有众多功能,如 QQ 交流、微信语音、智能导航、育儿教育、网购等。

服务机器人平台,就是生活中常见的各种智能机器人,它能够帮助机器人不断学习并做出相关决策。

在人工智能时代,无论是国外还是国内,商界大咖都把研发生产的重点放在机器智能领域,最终目的是智能机器能够更好地为我们的生活服务。然而,由于科技水平有限,目前更为全面的人工智能设备还未研发出来,现有的研发水平还处于语音交互阶段及简单的视觉识别阶段。未来,人工智能将会有更美好的前途。人工智能将会为我们分析问题,甚至能够提供决策信息。未来,人工智能将会为我们提供更好的服务。

3.4 让消费者接受人工智能还要看用户场景

在互联网技术、人工智能技术爆发式增长的同时,场景落地是未来人工智能应用的重点。

处于人工智能时代,人工智能的影子也逐渐遍布生活的各个角落。无论如何,我们必须挖掘真正需要人工智能的用户场景。只有将人工智能技术应用在用户需要的地方，进一步解决用户的痛点，满足用户的真实需求，才能促进人工智能的商业落地。

3.4.1　应用场景化：人工智能落地基石

优秀的产品和先进的技术只有在具体的应用场景中使用户受益，才会得到用户的青睐，否则，技术只能处于研发阶段。人工智能的发展同样如此，只有从用户场景的角度来思考人工智能的未来，人工智能才会有无限可能。

在谈到人工智能的应用场景时，阿里巴巴人工智能实验室的王刚博士说："无论是在学术界还是工业界，人工智能最近的发展非常迅速。在人工智能商业化方面，我们取得了非常大的进展。如今，已经发布的天猫精灵能让人机交互更自然，更轻松，更容易，这背后就是大量的人工智能技术的支持。但是，很多人工智能机构确实遇到了商业化的难题，一个比较大的原因就是没有找到合适的应用场景。细化一下，又有几个可能的原因，如不了解用户真正的需求，不知道现在的技术的能力界限——能做什么和不能做什么，不知道怎么用合适的产品形式把技术包装起来。"

由此可见，人工智能应用场景的选择和人工智能解决用户需求的能力都是我们应该考虑的重点。

如今，人工智能的具体应用场景也是多元的，如图 3-9 所示。

第 3 章
智能商业如何落地

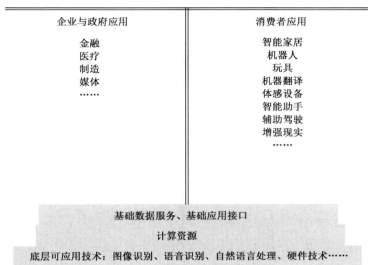

图 3-9 人工智能的具体应用场景

人工智能产品可以在不同行业进行商业落地，如金融领域、医疗领域、制造领域、媒体领域等；在消费者应用层面，人工智能涉及生活的方方面面，如智能家居、辅助驾驶、机器翻译等；在底层可应用技术层面，包含图像识别、语音识别、自然语言处理及硬件技术等。

其实人工智能的产品研发、场景落地的核心是提高人的工作效率或替代人的部分功能。从这个角度思考，需要考虑两个方面的问题。

第一，我们生产的人工智能产品在具体的用户场景下，使用的频率高不高，效果好不好。用户使用的频率在很大程度上决定了是否应该研发这一产品。

第二，在这个应用场景下，人工智能产品替代人的价值的大小。如果人工智能产品能够把人从烦琐的、大量重复性的、重体力型的工作中解放出来，而让人从事创造性的工作，那么人工智能的价值就是很大的。这样的人工智能产品的商业落地还是有前景的，人们也更愿意接受这样的人工智能产品。

当然，对于人工智能产品替代人的部分功能，许多人都表示担忧。他们认为，如果人工智能产品替代了人的部分功能，那么企业就会选择人工智能产品来工作，而不需要人去工作，很多人就会有失业的风险。

如果这样，那么人工智能的商业落地则会难上加难。

其实，对于这个问题，我们不必过于担忧。

人工智能产品研发及商业落地的初期，也许会因为触及部分劳动者的利益，而遭到抵触，但是我们要有一个更为长远的眼光，要坚信好的人工智能产品必然会造福人类，我们要始终选择为人类服务的场景进行商业落地。

正如硅谷"钢铁侠"埃隆·马斯克在他的 Twitter 上所写的："AI will be the best or worst thing ever for humanity, so let's get it right."（对于我们人类来讲，人工智能可能带来最美好的事情，也可能带来最糟糕的事情，只有我们坚持最美好的初衷，人工智能才会更美好。）

由此可见，在这个技术日新月异发展的时代，我们需要引导技术向更好的方向发展。我们要找到契合人类需求的技术，让技术使生活更美好。

综上所述，人工智能已逐渐走出学术的"象牙塔"，逐渐走向商业、走向寻常百姓家。我们必须承认，时下人工智能的长远发展，打磨场景甚至比打磨技术更为重要。同时，我们只有秉承人工智能为生活服务的美好初衷，让消费者能够用人工智能产品解决更多的问题，提高消费者的使用满意度，人工智能才会有一个更加美好的未来。

3.4.2 细分领域：细分场景更有价值

在人工智能时代，商业的发展模式朝着更加集约化、细分化、智能化的方向前进。想要凭借粗放式的经营方式取得长远发展已经不太可能了，"一招鲜，吃遍天"的时代也早已一去不复返了。

如今，人工智能产品在商业落地时，必须进一步细分行业领域，细分市场前景，细分用户场景。只有这样，才能让人们接受人工智能产品，并逐渐对人工智能产品产生依赖感，商业落地才会更快，市场前景才会最好。

关于人工智能产品的市场领域细分、场景细分，业内大咖也给出了一些科学的建议。

王守崑曾经是豆瓣的首席科学家，现在是爱因互动科技有限公司的创始人。在谈到人工智能发展时，他曾经这样说："如果现在还想进入人工智能赛道，需要考虑是否可以从更细分的领域进入。如果脱离了使用的环境、场景和产品，人工智能很难盈利。因此，越细分的领域、越细分的场景，反而变得越来越有价值。"

其实，目前细分人工智能产品的用户场景并不难，关键是要确定自己的研发方向，并瞄准一个盈利点。在此基础上，坚持不懈地进行更为细致的场景细分，满足用户更为多样化的需求，培养用户的信赖感，这样人工智能产品才会有长足的发展。

下面以智能家居产品为例，形象地说明如何进行场景细分。

当我们早上起床时，智能枕头会在耳边轻轻呼唤，智能床垫会轻轻震动，总之它们会以最人性化的方式把我们叫醒，这要比如今的定闹钟的方式智能许多；当我们洗脸刷牙时，智能镜子会用语音告诉我们今天的行程安排，让我们对自己的时间有一个合理的规划，同时也节省了时间。

也许你会觉得这有点像科幻片中的场景，其实不然。上述产品的功能，如今智能云计算基本上都能够做到，特别是语音识别、视觉识别功能，基本上都已经处于商业开发阶段。

举这个例子就是要说明，人工智能产品领域的细分必须立足于我们的生活，而且能够使我们的生活更加智能和方便。

第 3 章
智能商业如何落地

如果人工智能产品的开发商不懂得结合生活，只会研发生产一些远离生活的产品，那么人工智能的落地必然难上加难。例如，智能机器人的研发，若不是为了帮助人们，而是选择以"机器人大战"的形式来博眼球，那么这样的商业开发也只能是暂时的。

另外，人工智能产品领域的细分是多元的，不仅可以在智能家居产品方面进行细分，还可以在教育领域、汽车领域、娱乐领域进一步研发新的智能产品。

总之，只有与生活息息相关的人工智能产品，才会具有更大的价值，未来的市场前景才会更好。

3.5　全球流行的五大智能应用

智能产品的商业落地正在进行中。这需要遵循一个循序渐进的过程，我们只能根据目前的科技水平，进行相关产品的商业落地。

如今，全球有五大流行的智能应用，分别是智能机器人、智能音箱、无人驾驶、无人超市和智慧城市。

3.5.1 智能机器人

如今，科技的发展正以加速度的模式推进。与 20 年前的互联网技术相比，如今的人工智能技术就又上了一个新的台阶。随着大数据资料的日益完善和云计算算法的提升，人工智能技术的发展到达了一个新的高度。

随着人工智能技术的发展，智能机器人也正在以不同的形式走进我们的日常生活，同时也方便了我们的生活，让我们的生活更加舒适健康。而且在当今社会，智能机器人也变得越发重要，许多领域和众多岗位都需要智能机器人的参与。

在这种情况下，将家庭消费型机器人作为人工智能应用的突破口，就显得尤为重要了。家庭消费型机器人最贴近人们的生活，能让人们更加了解人工智能，这对人工智能的未来发展是大有裨益的。

针对目前我国消费机器人的发展形状，IDC（International Data Corporation，国际数据公司）的中国高级分析师潘雪菲认为，伴随着人工智能的发展，消费级机器人成为其重要的硬件产品形式之一，比其他产品具有更强的行动能力。如果在人工智能技术的基础上，通过在现实空间上打通工作环节，成为个体之间的行动连接，消费级机器人将产生更大的应用价值。

目前，在家庭消费领域，消费机器人的市场也正在逐渐细分，其中以家务、娱乐、教育和陪伴型机器人为主。同时,在各类客服领域,也有各种提供咨询服务的机器人。

在家务领域,现在比较有名的就是扫地机器人。我们只要通过点击手机屏幕,就能对扫地机器人进行远程操控,之后它就会自主打扫房间。

其实,扫地机器人的工作原理来源于无人驾驶的传感技术。扫地机器人能够自主绘制室内清扫地图,并智能地为清扫任务做出规划。根据相关测试,它的清扫覆盖率能够达到 93.39%。

在家务方面,智能机器人的设计并不会止步于房间清洁,以后的设计还会更加个性化。例如,机器人烹饪,我们可以为机器人输入烹炒程序,为它设置翻炒、自动配加调料等方面的技术,烹饪将会变得更加方便轻松。

在智能问询领域,全国第一个智能问询型机器人在上海仁济医院上岗,而且它还有一个可爱的名字——小艾。

小艾的服务能力超强,能够达到"多快好省"的境界。它服务的人很多;它的解答效率高、速度快;它不会对用户耍小脾气,服务态度好;只需要购置一台机器,就能服务众多用户,虽然刚开始投资费用高,但长期下来,节省了许多人力费用。而且小艾能够"任劳任怨",全天候 24 小时不间断地提供服务,为用户提供了最完美的问询服务。

在家庭娱乐领域,我们还会设计出一些智能宠物,为生活增加愉悦感。如今，很多人都会养宠物，虽然这些宠物的到来为我们的生活增添了许多乐趣，可是这些宠物也要"吃喝拉撒睡"，我们必须对它们制造的生活垃圾进行管理，这是一件比较烦人的事情。

随着人工智能的发展，我们可以设计一些"机器狗""机器猫"，让它们成为我们的宠物。这些智能的宠物，不仅拥有动物最真实的叫声，而且能够完全理解人类的语言，帮助我们做家务。

另外，在智能家庭服务机器人的商业落地领域，我们要重点提高智能机器人的语音交互能力、视觉识别能力、智能化操作能力及深度理解能力，让它们为我们的生活做贡献。

总之，机器人的全面开发还需要长久的努力。一个能让人们喜欢的机器人，不仅要有超强的算法能力，还能够根据大数据信息和深度学习算法进行自主学习，不断满足人们日渐多元的需求。

3.5.2 智能音箱

2015年6月，亚马逊推出第一代智能音箱Echo，创下了智能音箱的先河，现在亚马逊仍旧是智能音箱的领跑者。亚马逊是"第一个吃螃蟹的人"，他们首创了一个系统的智能语音交互系统，在两年间培养了大量的忠实客户，抓住了发展的先机。

Echo的最大特色是把语音识别技术移植到较为传统的音箱中，这样，传统的音箱就升级为新一代的智能音箱。

智能音箱的作用很多,不只是播放歌曲,我们能够通过语音操控它,让它与我们的智能家居产品相互联系。

智能音箱就相当于我们的生活小助手,我们可以用生活化的语言给它们一些指令。例如,我们可以让它们在网上订火车票、在网上购物、叫外卖等,它们都能迅速帮我们完成任务。

经过两年的发展,市面上智能音箱的种类和品牌也越来越多,也有更多的创新形式。目前世界上著名的智能音箱品牌有 10 个,如表 3-1 所示。

表 3-1 世界著名的智能音箱品牌

公司名称	智能音箱及其功能
亚马逊	Echo:智能音箱的先驱,使人机交互更便捷
阿里巴巴	天猫精灵:强大的语音购物能力,开口就能购物
SSK	黑金城堡音箱:首创高清触控屏幕
京东	叮咚音箱:支持人工智能学习,自主了解人们的爱好
谷歌	HomeMini:拥有快速获取新闻、音乐的能力
海尔	智慧家:拥有 60 余项人机交互功能
喜马拉雅	小雅人工智能:拥有喜马拉雅和百度音乐正版资源
Rokid	月石智能音箱:能够接入 18 个品牌的智能家居
百度	ravenH:语音识别效率更高
小米	人工智能音箱:小米智能家居的新入口,轻巧便捷

虽然智能音箱如雨后春笋般冒了出来,但是我们不能否认智能音箱仍存在同质化严重的现象,而且功能也不完善,还存在一些小瑕疵。例如,当我们让智能音箱去打开窗帘时,它可能会出现卡顿现象,反应迟钝。

智能音箱的发展道路还很漫长，为了智能音箱更为长远的发展，我们要做到以下 5 点：

（1）在研发阶段，科技工作者要为它输入更高级的算法，让它具有更强的自主学习能力。

（2）在生产阶段，生产制造商要为智能音箱挑选最好的原材料，从而增加它的反应速率，延长它的使用寿命。

（3）在商业落地方面，各个企业要结合自身的优势，同时根据市场的需求，创新智能音箱的形式。

（4）在社会监管方面，对于智能音箱的制假造假行为要严厉打击。

（5）在知识产权方面，企业要有专利保护意识，积极申请自己的研发专利，获取相关知识产权的保护。

如今，智能音箱在发展的道路上有过繁花似锦的美丽场景，也存在不足与缺陷。我们要结合社会各方面的力量，为智能音箱更完美的未来打下坚实的基础。

3.5.3　无人驾驶

在人工智能时代，无人驾驶汽车的研发制造方兴未艾。如今，世界上最先进的无人驾驶汽车已经行驶了将近 50 万千米的路程，而且最后 8 万千米完全没有任何人为的干预。由此可见，无人驾驶技术水平高超。

无人驾驶汽车是智能汽车的品种之一，主要工作原理是通过智能驾驶仪，配合计算机系统，实现无人驾驶。

具体来看，无人驾驶汽车综合了各方面的人工智能技术，特别是视觉识别技术、超强的感知决策技术。无人驾驶汽车的摄像头能够迅速识别道路上的行人和车辆并做出相关决策，例如，它可以像熟练的司机一样来进行调速，实现最完美的汽车驾驶。

无人驾驶其实也不是最近才有的新概念。无人驾驶的历史可以追溯到20世纪70年代。在那时，美国、英国、德国的众多科研人才就开始了无人驾驶方面的研究，而且国家也比较重视，给予了大量的经费，在当时也取得了一些突破性的进展。

我国无人驾驶的起步要晚一些，从20世纪80年代才开始进行无人驾驶的研究。1992年，国防科技大学成功研制出属于我国的第一辆真正意义上的无人驾驶汽车。2005年，在上海交通大学，我国成功研制出首辆城市无人驾驶汽车。

未来，无人驾驶也会有很好的前景。最新科技报告显示，截至2019年6月，与无人驾驶汽车技术相关的发明或专利已经超过30000件。而且在无人驾驶技术发展的过程中，部分技术团队已崭露头角，成为该领域的佼佼者，如谷歌的无人驾驶技术团队。预计在2022年前后，无人驾驶汽车将全面进入市场，开启一个汽车发展的全新篇章。

无人驾驶的快速发展与它给我们带来的诸多便利及巨大的商业前景密不可分。

据权威人士推测，无人驾驶汽车的使用能够有效缓解城市交通拥堵、减少空气污染、增加高速公路的安全性，为我们的生活带来诸多便捷，如图3-10所示。

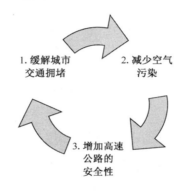

图3-10　无人驾驶汽车带来的便利

第一，无人驾驶汽车的大规模研发，将会有效缓解城市交通拥堵的问题。

每个大城市都会面临交通拥堵的问题。据相关资料，在我国，有35个大城市的汽车数量已经超过100万辆，甚至有10个特大城市的汽车数量已经超过200万辆。在繁忙的市区，约有80%的道路会出现拥堵现象。

美国加州大学教授唐纳德·舒普经过具体的研究说："在繁华的城市，超过30%的交通拥堵现象是司机为了寻找最近的停车场而在商务区不断绕圈造成的。"

无人驾驶汽车的投入使用,将会大大减减交通拥堵现象。因为无人驾驶汽车的车载感应器能够与交通部的智能感知系统联合工作,这样可以从全局角度把握各个道路交叉口的实时车流量信息。之后,无人驾驶汽车会根据相关信息,进行实时反馈,调整车速,尽量做到不扎堆出现在同一个十字路口。这样就能有效提高车辆的通行效率,缓解令人头疼的拥堵现象。一旦无人驾驶汽车大规模投入使用,那么车与车之间都能进行实时交流,保持最合理的车速,也不会出现超车等行为,这样也能有效缓解道路拥堵。

第二,无人驾驶汽车的大规模研发,将会减少空气污染。

我们必须承认,燃油汽车是造成空气质量下降的主要原因之一。众所周知,二氧化碳的排放量增高是造成温室效应、全球气候变暖的主要原因。科学调查显示,在全球二氧化碳的排放中约有30%来自燃油汽车。

美国著名的战略性研究机构兰德公司经过深入研究后发现,无人驾驶技术能提高燃料效率,通过更顺畅地加速、减速,能比手动驾驶提高4%~10%的燃料效率。

此外,无人驾驶汽车的共享系统也能有效减排和提高节能效率。得克萨斯大学奥斯汀分校的研究人员经过一系列的科学分析和实践调查发现,使用无人驾驶汽车不仅能够节省能源,还能够减少各种污染物的排放。

在共享经济时代，我们不得不提的是，无人驾驶汽车将来也必将成为共享汽车的一部分。其实，无论是传统的司机驾驶汽车，还是将要大规模投入使用的无人驾驶汽车，如果拼车的乘客多，就能够缓解交通拥堵，同时环境也会更好。

第三，无人驾驶汽车的大规模研发，将会增加高速公路的安全性。

高速公路安全问题在交通领域一直是令我们焦虑的问题，几乎每天都会有人死于高速公路的交通事故。据世界卫生组织的相关统计，全世界每年有124万人死于高速公路事故。这一调查结果是惊人的，世界各国都在努力采取措施，降低高速公路的事故发生频率。

同样，兰德公司也对高速公路安全事故做了全方面的研究调查，结果显示，从整体来看，在车祸死亡事故中，39%都是由酒驾引起的。毫无疑问，在酒驾问题上，无人驾驶汽车的使用必将大幅度降低酒驾的危害，从而减少事故。

当然，无人驾驶的迅速发展还与它美好的商业前景有关。

从本质上讲，无人驾驶能够最大限度地节省人力，进一步降低运输成本。对于未来的运输行业来讲，如果无人驾驶汽车、卡车能够被大规模地研发，那么必然会有更加广阔的市场需求与美好的市场前景。总之，无人驾驶汽车的商业落地，必然会给传统的汽车商业模式带来巨大的改变，也会给我们的出行方式和生活方式带来巨大的改变。

在谷歌的无人驾驶汽车实验阶段，虽然在没有人的干预下，也出现了一些交通事故，但是我们坚信，未来的科技一定会把无人驾驶的交通事故概率降到最低，远远低于由于人的各种失误造成的交通事故概率。

无人驾驶技术的发展正处于实验阶段的后期，将会逐步进入商业落地期。无人驾驶技术必然会凭借着自己独特的安全优势、环保优势、便捷优势，为人们提供更智能化的生活，无人驾驶技术也必然会有一个美好的未来！

3.5.4　无人超市

在人工智能时代，随着移动互联网技术的提升，物联网的逐渐先进化，人脸识别技术的突破及第三方支付的日益便捷化，无人超市也逐渐出现在了大众的视野内，走到了时代的风口浪尖，引起人们的关注。

无人超市准确来讲是"无售货员超市"，而并非是没有任何人参与货物摆放的超市。如今，无人超市的发展还处于兴起阶段，并非全方位的无人超市。我们只能做到无售货员结账、无推销员介绍商品。在现阶段，消费者可以自由进入超市，随拿随走，消费者走后无人超市会立即通过智能手段让消费者进行支付。这大大节省了购物的时间，可谓方便快捷。

最早的无人超市非 Amazon Go 莫属了，它于 2016 年 12 月 5

日由亚马逊全面推出，而且申报了相关的科技专利。Amazon Go 的关键技术还是智能视觉识别技术。在 Amazon Go 的商品货架上有多个摄像头，这些摄像头采用先进的、准确的视觉识别技术。它能够通过感知人与货架及商品的相对位置变化，来判断是谁拿走了何种商品，从而达到智能化的效果。

2017 年 7 月，阿里巴巴在"淘宝造物节"推出了无人零售快闪店，在社会上引起广泛的关注。同年 8 月 14 日，该项目负责人应宏曾宣布："我们计划今年年底完成技术升级，并在杭州落成全球第一家真正意义上的无人零售实体店，向广大消费者长期开放。"

无人超市是新时代、新技术下的新产物，与原来的超市相比，无人超市具有显著的优势，具体如下：

（1）无人超市不设导购员、收银员等岗位，大大节省了人工成本。

（2）无人超市的环境优雅、紧密，消费者能有无干扰的、自由化的购物体验。

（3）在无人超市，消费者无须排队结账，随拿随走，使购物越来越便捷，越来越轻松。

（4）无人超市的销售模式在机械化、自动化、智能化的程度上逐渐增高，成为时代的新潮流。

这里以阿里巴巴的淘咖啡为例，具体说明在无人超市购物的流程。

第 3 章
智能商业如何落地

淘咖啡整体占地面积达 200 多平方米,是新型的线下实体店,至少能够容纳 50 个消费者。淘咖啡科技感十足,自备深度学习能力,拥有生物特征智能感知系统。消费者在不看镜头的情况下,也能够被轻松地识别。通过配合蚂蚁金服提供的超强的物联网(IoT)支付方案,能够为消费者创造更完美的智能购物体验。

消费者到淘咖啡买东西的流程很简单,科技感十足,具体步骤如下。

当我们第一次进店时,只需打开手机端淘宝,扫码后即可获得电子入场码,之后就可以进行购物。在淘咖啡购物和我们日常的购物并没有区别,我们也可以挑选货物、更换货物,直到满意为止。最大的区别是,在离开店时,必须经过一道结算门。

结算门由两道门组成,第一道门感应到我们的离店需求,会智能自动开启;几秒后,第二道门就会开启。在这短短的几秒内,结算门就已经通过各种技术的综合作用,神奇地完成相应的扣款。当然,结算门旁边的智能机器会给我们提示,它会说:"您好,您的此次购物共扣款××元。欢迎您下次光临。"

无人超市的优势还不止于此。无人超市内的目标监测系统和视频跟踪系统也能够达到智能销售的目的。例如,当我们拿到商品时,会不由自主地展示出相应的面部表情,另外也会展现出不同的肢体动作。也许我们还未在意,但是智能扫描系统却能够捕捉我们的所有"小动作",从而了解我们的消费习惯或我们喜欢的产品。之后,它就会指导商家对店内的货品进行更合理的摆放。当积累了足够量的大数据信息后,这些技术能够帮助无人超市进行更精确的产品推送,会使无人超市整体的服务效果更好。

当然,无人超市不是万能的,也有缺陷。特别是在用户体验这一领域,与更优秀的销售人员相比,它确实显得没有太多的人情味。

针对这一现象,陈力曾经说:"对于未来零售业的想象,确实要考虑用户体验和用户感受。人工智能再智能,也很难完全了解人性,以及对人的心理的洞察和体恤。"

综上所述,无人超市在刚开发的初期,确实会存在一些技术瓶颈,可能会出现一些失误。与优秀的员工相比,无人超市则显得缺乏人情味,但是整体上还是瑕不掩瑜,相信随着算法技术的提升,大数据信息的不断完善,无人超市的服务会更加智能化、人性化。将来,无人超市也将由"一枝独秀"逐渐到"遍地开花"。

3.5.5 智慧城市

在人工智能时代,人们更加追求生活的质量。生活质量不仅仅体现在我们是否有钱,还体现在我们的生活环境是否健康。所以,很多国家都在积极建构智慧城市,使我们的生活更加美好。

所谓建设智慧城市,就是从我们日常的衣食住行的角度来思考,建构一个更加自由、便捷的生活环境。智慧城市的提出,是人工智能进一步发展的必然要求,是"科技让生活更美好"

第 3 章
智能商业如何落地

的具体实践。

智慧城市的建设不是凭空产生的，它需要两种驱动力来推动，才能够逐步形成。一是新一代的信息技术，包含物联网技术、云计算的应用及大数据的广泛应用；二是开放型的城市创新生态。前者是技术创新的结果，后者是社会环境创新的结果。总之，智慧城市的建设离不开技术与社会的双向支持。

智慧城市在生活中有很多具体表现。

例如，我们利用互联网对城市红绿灯及摄像头进行联网智能监控，能够实时了解城市交通状况。同时通过强大的云计算能力，我们能够合理切换红绿灯的时长，从而有效缓解城市拥堵问题，最终使城市的运行更加高效便捷。

在我国建设智慧城市不仅仅是技术提升的要求，更是实现社会可持续发展、城市可持续发展的要求。为了使我们的城市更加美丽，使资源更加充沛、使空气越来越清新、使交通更加方便快捷，必须全力打造智慧城市。

纵观 40 多年的改革开放历程，我国的城镇化建设取得了非凡的成就。特别是在进入 21 世纪以来，我国的整体城镇化建设步伐不断加快，农村人口不断涌入城市，城市居民数量越来越多。

但是城市居民数量的多少不是衡量城镇化的唯一因素，还要综合考虑城市人口的整体素质，以及随着城市人口的不断膨胀，城市的自我提升能力和净化能力。

然而，遗憾的是，我国的"城市病"很严重。例如，部分城市各类资源整体短缺（水、电、网）、交通拥堵、空气污染严重、存在安全隐患等。

智慧城市的规划建设，要综合采用多项技术，如综合感知技术、物联网技术、云计算技术等。借助这些技术，我们能够有效解决诸多"城市病"问题。例如，可以有效感知城市的实时状况，对城市资源进行充分整合，合理分配。

另外，通过智慧城市的规划建设，我们能够进一步对城市进行更加精细化和智能化的管理，进而减少环境污染，减少不必要的资源消耗，逐步解决交通拥堵问题并逐渐消除城市中的各类安全隐患。最终实现城市的可持续发展，使城市更加智慧化。

智慧城市的目标是美好的，但是践行的过程是曲折的。在智慧城市建设的具体过程中，必须遵循以下3个原则。

原则1：要充分利用好物联网、云计算等新技术。只有在科学技术的基础上，智慧城市的建设才会有不竭的动力来源。

原则2：要始终坚持以人为本、科学管理的理念。建设智慧城市的最终目的就是使我们的生活更美好。在建设智慧城市的过程中，只有运用更加精细化、动态化的方式来进行服务和管理，才能不断增强城市的综合竞争力和整体实力，人们生活的幸福感才会提升。

原则3：要进一步优化配置资源，构建和谐城市。只有做到资源的合理分配，人们才会觉得更加公平，城市才能够更加和谐。

综上所述，建设智慧城市是时代的大趋势。建设智慧城市需要一步一个脚印，稳扎稳打，一方面，要打好技术关；另一方面，要打好社会环境关。

第4章

智能+生活服务：
让复杂的生活变得更简单

人工智能是一种科学技术，是一种让生活更美好的科学技术，它是一种让复杂的生活更加简约便捷的艺术。

人工智能存在于我们生活的各个方面。我们不仅可以利用人工智能技术进行智能购物，还可以用人工智能产品做各种家庭服务。我们可以与智能机器人进行高效的沟通，智能机器人还可以帮助我们破案。

在我们的社会生活中，人工智能产品可以扮演各种角色，也可以拥有各种强大的功能。总之，人工智能无处不在，人工智能让我们的生活更简单。

4.1 智能时代不再遥远，越来越平民化

纵观人工智能 60 余年的发展史，我们不难发现，人工智能在逐渐平民化、商业化。

第 4 章
智能+生活服务：让复杂的生活变得更简单

早期图灵设计的简单的智能型计算机，只有高科技人员才能进行操作，而且处于科技的"象牙塔"中，普通人根本难以接触。早期的计算机被应用于军事研究领域，而且那时计算机的体积也比较大，普通人根本不知它为何物。如今，到了人工智能时代，人工智能产品的商业落地必然会使生活更加便捷。

4.1.1 刷脸支付，改变人类的支付方式

人类的消费史，也是人们支付方式、消费方式不断创新演变的发展史。

远古时期，我们的祖先不懂得消费，过着集体狩猎的生活。在那个茹毛饮血的年代，大家聚集在一起，过着"有福同享、有难同当"的原始"公有制"生活。

随着生产力的发展，当私有制度出现后，家庭诞生，消费行为就诞生了。

最早的时候，人类的消费方式是原始的物物交换。例如，我拿一头羊，可以兑换别人的 10 袋大米。只要双方约定好，能够互相满足需求，那么这样的交易就成立了。

随着社会的发展，人类逐渐使用贝壳、金子等作为商品交换的一般等价物。后来，金子和银子就成了主要的支付货币。

近现代社会，由于交往的扩大，金子不方便携带，我们开始使

用支票和纸币。可是无论怎么变，我们的支付方式都是通过"有形的物品"来进行的。无论是贝壳、金子，还是支票、纸币，这些都是能够看得见、摸得着的东西。

随着银行卡的出现、支付宝的发明，支付方式也发生了重大的变化，由原来的有形货币支付转变为无形货币支付。这对我们的支付方式就是一次有力的变革，使支付方式更加轻松、安全。

回顾支付方式的变化，我们会感叹社会变革的力量及社会经济发展的迅速，如图4-1所示。

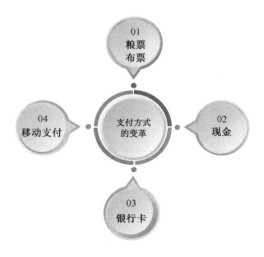

图4-1 支付方式的变革

在计划经济时期，我们的支付方式为用票支付。在中华人民共和国建立初期，各项资源相对匮乏，一切劳动都以"计工分"的方式进行。之后，用工分兑换成相应的粮票或布票，然后在合作社换

第4章
智能+生活服务：让复杂的生活变得更简单

取相应的物品，这种方式在初期取得了非常好的效果。

改革开放后，支付方式逐渐与世界接轨，产生了用纸币、银行卡支付的方式。

随着互联网技术的发展、支付宝的诞生，我们进入了移动支付时代。移动支付是一种新兴的支付方式，在社会上引起了广泛的影响，甚至有些老年人都会用支付宝或者微信来进行支付。

在人工智能时代，随着云计算技术的发展和视觉识别技术的发展，刷脸支付也逐渐成为现实。目前世界上比较著名的无人超市 Amazon Go 就是利用了刷脸支付的技术。

刷脸支付与目前的支付宝支付、微信支付相比，更加智能化、高效率。每次用支付宝支付时，我们还要拿出手机扫二维码进行支付。如果网速慢，特别卡，还会影响支付效率。

但是刷脸支付就不一样了。你只需要第一次把相关的程序都设置好，以后进入无人超市，就可以即买即走，走后自动扣款，省了时间，也提高了购物效率。

刷脸支付必将凭借更高效、更便捷、更智能化的特点逐渐成为支付方式的主流，也必将引起支付方式、消费方式及生活方式的巨大变革。

4.1.2 "奇怪酒店"迎来新的服务生

在人工智能时代，随时都会发生奇妙的事情。人工智能的发展将会使我们的世界成为一个更加智能、更加有趣的世界。

日本长崎县的豪斯登堡有一家"奇怪酒店"，之所以叫"奇怪酒店"是因为这里的服务员很奇怪。

日本的人工成本高，所以，企业竞相通过使用机器人来替代人工劳动，从而节省人力成本。随着人工智能时代的到来及科技的进步，使机器人服务员变为现实。

"奇怪酒店"总是不按照常理出牌。酒店的机器人服务员是风格各异的，前台咨询服务员就有3种不同的风格。

最左边的机器人名叫 NAO，它主要负责订餐的信息；中间这位符合亚洲标准审美的女机器人名叫梦子，主要负责日语方面的咨询服务；最右边的恐龙机器人，目前还没有一个确定的名字，我们就暂且称为"恐龙先生"吧，它主要提供英语的咨询服务，所以，这家"奇怪酒店"的外国旅客络绎不绝。据说，"恐龙先生"之后还会提供韩语服务。虽然这些机器人服务员只有简单的语言交互能力，但是基本上能够满足我们的需求。

"奇怪酒店"的服务员还有许多，有主动为我们拿行李的机器人，有专门在房间内接待的机器人。在房间接待的机器人，个头虽小，但是设计精巧，功能强大。它不仅能够帮我们端茶倒水，还能够操控空调，自动调节室内的温度。另外，当我们休息的时候，它也会哼唱一些安眠的小调。

由于"奇怪酒店"的机器人服务员种类众多，功能多元化，所以入住的旅客特别多。同时，由于有个性化的服务，这个酒店收取的费用也比其他酒店高很多。

机器人服务员曾经是科幻书中的内容，如今，伴随着人工智能的发展，它逐渐进入了我们的生活领域。相信随着技术的进步，机器人服务员会有更加强大的语言交互能力及动手实践能力，能够为我们提供更加完善的服务。

4.1.3　机器变侦探，帮助警察破案

在人工智能时代，机器智能将无处不在。机器智能不仅能够帮助我们进行日常事务的打理，节省人力，方便我们的生活，还能够从事高智商的活动，例如，机器人刑侦。

机器人刑侦曾经在美国的科幻刑侦剧中出现过，电视剧的名字叫作《机器之心》，这是一部科幻警匪电视剧。故事的主人公不仅有人类，还有智能机器人。正如电视剧海报封面所描述的那样"Some cops are born.Others are made."（一些警察是人类，而另一些是智能机器人。）

《机器之心》的时代背景设置在 2048 年，那时，人类研发的智能机器人已经具备人的体型特征。如果你不仔细看，根本就看不出哪一个是机器人，哪一个是人类。总之，那时的智能机器人足以以假乱真。

在这部电视剧中，所有的警察都有一名智能机器人搭档。他们调查的案件既包括与人类相关的，也涉及与机器人相关的。大多数情况下，他们调查的案件都是人机共同犯案的案件。

在故事中，男主人公刚开始特别讨厌他的智能机器人搭档。但是在多种场合下，他的智能机器人搭档都会有比较清晰的思维和冷静的态度，帮助他进行破案。随着共患难次数的增多，他们之间也建立起了深厚的友情。

如果在 30 年前，我们绝对会认为这只是科幻片，绝对不可能发生在现实生活中。但是现在，智能机器人将不再是梦。

虽然目前智能机器人还不具备人的整体外在特征，在心智方面也比人类要低许多，但是它在语音识别、语义理解，以及视觉识别领域已经取得了不错的进展。配合大数据及云计算能力，它基本能够辅助警察进行破案。

北京神州泰岳软件股份有限公司一直秉承"科技运营管理"的理念，也一直希望科学技术能够更好地为人类服务。

早前，该公司与北京市公安局刑事侦查总队合作，联合推出了一套名为"智脑"的公安案情分析系统（简称为"智脑"）。"智脑"能够充分利用人工智能领域的自然语言和语义分析技术，对各种刑事案件、诈骗案件、偷盗案件的基本特征进行有效提取。利用大数据资源，配合云计算的技术，它能够对一些案件的文件或数据进行自动分析，并提出相关线索，这样就能够有效地为情报部门和侦查部门服务。最终有效降低警局的人力成本，提升破案的效率。

另外，目前采用人脸识别技术的高智能机器人也在逐步试点，在试点过程中，它成功协助警方抓捕多名逃犯。

随着人工智能技术的不断成熟，我们相信，未来的智能机器人将会在案件审查、精准分析、提升破案效率等方面发挥更好的作用。未来，在智能机器人的帮助下，我们的质检安全、人身安全、财产安全将会得到更好的保障。

4.1.4 拆弹机器人：精准地挽救人类生命

一些工作很危险，例如，军事拆弹工作。

我们总是惊叹于《拆弹专家》中拆弹人员精湛的技术，处理极端事情十分冷静，总是能化险为夷，可是这种情况真的如此吗？

其实，拆弹行业是最危险的行业之一，即使是真正的拆弹专家，遇到棘手的问题或稍有疏忽，就会发生意外，甚至失去自己宝贵的生命。

于是，人类开始思考，能不能让机器人替代我们进行拆弹。在面对这份工作的时候,即使是拆弹专家,在遇到棘手的问题时,也难免会紧张。然而走在布满炸弹的路途中,机器人总能够面不改色,心不跳,能够从容不迫,冷静面对,与人类相比,这是一种很大的优势。

但是,坦白地讲,拆弹机器人并不能算是真正意义上的智能机器人,拆弹机器人只能算是一种由人类远程操控的机器人。人们通过为其输入相关程序,让它进行智能化操作。另外,它的整体形态类似于一辆小型汽车。虽然也有机械手臂和类人化的"萌萌的脑袋",但从整体来看,它只能算是一种半智能机器人。

拆弹机器人的研发已有较长的历史,从其诞生到如今的迅速发展,至少有 40 年的时间。

拆弹机器人的发展过程是有趣的,取得的成果也是辉煌的。

1972 年,英国陆军中校皮特·米勒设计了一款名为 Wheel Barrow Mark1 的拆弹机器人,它能够利用电动独轮车的底盘来移动任何可疑的爆炸物。这样,炸弹就会被带到安全地点进行引爆,再也不会伤害人了。经过这样的研发、改进,拆弹机器人的使用效率及安全性就大大提升了。

随着人工智能技术的发展,如今,拆弹机器人已经不再是单个作战了。为了使拆弹机器人的工作效率更高,我们为其研发、配备了许多功能特定相关的机器人。让它们组成一支强大的团队,通过强力合作集体完成拆弹任务。

例如，我们可以让一个拆弹机器人负责搜索爆炸物，让另一个拆弹机器人将搜索到的爆炸物进行搬运及爆破。通过这样"术业有专攻"的形式，拆弹机器人的工作效率也会越来越高。

我们相信，随着人工智能技术的进一步发展，拆弹机器人的能力也会更强，它将会挽救更多人的生命，也将使人类的生活更安全。

4.1.5 家用无人机，代替你跑腿

无人机是无人驾驶且能够重复使用的飞行器的简称。1917年，历史上第一架无人机诞生，它主要进行军事物资的传送，军事基地的勘探，或者从事其他军事用途。

战争结束后，科技迅速发展，在20世纪90年代，无人机逐渐向民用领域过渡，并且逐渐进行商业落地。

无人机具有机动灵活的优势，与航空运输相比价格又相对低廉，同时运行周期短，受天气状况的影响较小，所以，能够被广泛应用于各类行业，而且进行商业落地的速度很快。

但是我们不得不承认，在过去的二三十年里，无人机的发展速度仍然较慢，主要原因是人工智能控制技术落后。

在人工智能时代，随着计算机语音交互技术的提升、语义理解能力的提升，以及视觉识别技术的突破，无人机的发展也必然会越来越快。此时，以各种神经网络算法为代表的深度学习技术也日益

发展，在各领域有了初步的应用。

综合以上两种因素，无人机的发展将会进入一个全新的阶段。在这个全新的阶段，无人机的产业化规模将会越来越大，而且全域化的应用也将越来越广阔。

无人机的发展不仅体现在技术的先进性上，还体现在它对人类生活的改变上。在不久的将来，随着无人机的规模化生产与商业落地，我们的生活方式也必将受到影响，生活质量也将会提升。

无人机将会从3个方面影响我们的生活。

第一，无人机将成为我们健身运动的忠实伙伴。

目前，我们外出运动时，一般都会选用一款合适的智能运动手环。因为智能运动手环能够科学地记录我们的跑步里程、走路步数及运动时长。根据这些信息，我们能够进一步合理地安排运动，使我们的身体更加健康。

可是智能运动手环有一个明显的缺陷，它不能与我们进行亲切的互动，它只会默默记录运动数据。

随着人工智能技术的发展，小型的智能无人机就可以自由地与我们进行语音交互。小型的智能无人机的样子类似于燕子，它会在我们的头顶盘旋，也会立在我们的肩膀上。它能够随时记录我们的运动信息且与我们沟通。它会像燕子那样鸣叫，也会像人一样唱歌。在我们进行登山运动时，它可以先勘测路面，检查是否存在安全隐患，然后及时告诉我们。总之，它能够及时帮助我们解决实际问题。

第 4 章
智能+生活服务：让复杂的生活变得更简单

另外，有这样一台像宠物一样的无人机的陪伴，我们的运动也一定会更加安全、健康、有趣。

第二，无人机将摇身一变，成为高效的快递小哥。

虽然物流业发展的速度越来越快，例如，顺丰快递，它利用航空运输的方式进行快递输送，可是我们不得不承认，航空运输的运送成本很高。另外，高铁航运的运送成本也很高。

随着技术的发展，越来越多的公司开始选择利用无人机送快递。2013 年，亚马逊就开始用无人机送快递了，随后 UPS 快递公司等也开始开发这项技术。国内的顺丰快递、京东商城及天猫商城也在逐步测试、落实智能无人机快递业务。

虽然目前这项业务还没有充分发展起来，但是我们相信，随着人工智能技术的进一步发展，智能无人机快递行业必然会成为热门的行业。到那时，即使到了"双 11"，快递小哥也不用再累死累活地进行快递的分发了。那时，当我们仰望城市的上空时，会发现众多智能无人机有条不紊地进行快递的运输。那时，智能无人机就像会飞行的快递小哥，为我们提供更高效的快递服务。

第三，智能无人机将会飞进千家万户，为我们提供个性化服务。

现在，市场上已经出现了很多家用型无人机。不难想象，随着人工智能技术的发展，家用型无人机也将越来越智能化，将为普通家庭提供更加便捷、个性化的服务。

那时，家用型无人机会更加美丽。它的外观设计既充满科技感，又有生命感，仿佛美丽的精灵。

例如，在一个炎热的夜晚，你一个人在阳台踱步，希望能吹来一丝凉风。可是，令你悲哀的是依旧无风。此时，智能的家用型无人机会感知你的忧虑，它会主动飞到你的头顶，打开吹风系统，为你带来一丝凉意。或者，它会直接飞到你的身边，和你进行对话，询问你的需求。当知道你很渴时，它会主动飞到一家无人超市，为你带来你最喜欢的饮品。

另外，当你有东西需要外出去拿的时候，你只要告诉你的无人机，它就会代你跑腿，立即帮你去取，节省你的时间。

总之，家用型无人机会根据我们的手势、肢体语言的变化来判断我们的心情。然后通过语言与我们进行交流，并用最快的速度帮我们解决难题，提供智能化、个性化的服务。也许你会认为，这一切只能发生在科幻电影中，但是随着技术的不断进步，不久的将来，这就有可能成为现实。

4.1.6　无人驾驶汽车将会走上大街小巷

步入人工智能时代，科学技术的发展也会更加迅速，科技成果的出现也会让人们有耳目一新的感觉。在人工智能时代，无人驾驶汽车随处可见，甚至智能机器人在街头漫步也将是平常的事情。这些本应出现在科幻电影中的场景将会成为我们生活的常态。

第 4 章
智能+生活服务：让复杂的生活变得更简单

无人驾驶汽车的研发有将近 60 年的历史。随着人工智能技术的发展，无人驾驶技术在最近几年更是取得了长足的发展。许多国际大公司都对无人驾驶技术有着浓烈的兴趣，也希望在未来的无人驾驶领域分一杯羹。这里有我们比较熟悉的 Google Brain（谷歌大脑）团队、特斯拉（Tesla）、英伟达（NVIDIA）公司等。

2010 年前后，英伟达公司就开始深入研究神经网络算法和深度学习算法了，而且对人工智能的其他方面也做了大量的研究。

几年后，英伟达公司的 CEO 黄仁勋在电话会议上明确表示："无人驾驶汽车即将于三年内被允许在马路和高速公路上驾驶。2019 年，机器人出租车会出现在大众视野中。2020 年至 2021 年年底，第一代等级为四的无人驾驶汽车将会上市。"

作为人工智能领域的领跑者，类似于英伟达的一些大公司也都对未来的无人驾驶技术保持高度的热情，并充满信心。

我国在无人驾驶领域的研究也不甘示弱，各大公司努力抓住市场机遇，赶上时代潮流。

我国自主研发的阿尔法巴智能驾驶公交系统在深圳福田保税区正式开始试运营。

阿尔法巴智能驾驶公交系统的官网有着更为确切的表述："阿尔法巴通过工控机、整车控制器、CAN 网络分析路况环境，配备 16 个激光头，同时发射激光束，对外界持续扫描，测距可达到 100 米，精度达到 2 厘米。"

由此可见阿尔法巴背后强大的科学能力。

阿尔法巴智能驾驶公交一共有 4 辆，它属于全电动的无人驾驶公交车。试运行的线路全程为 1.2 千米。无人驾驶公交车的车速平均保持在 20 千米/小时，在试运行路线中有 3 个车站。

在整个运行过程中，这个无人驾驶公交车完全能够自主减速、主动避让、绕行障碍物、自动靠站及紧急停车。

无人驾驶的美好时代即将到来，科技的进步会使我们的生活更美好！

4.2 应用落地领域：智能家居

所谓智能家居，就是利用物联网、智能传感、机器学习等技术，进一步提升家用电器、网络设备及房间内整体装饰的智能水平。智能家居的最终目的就是提高产品的实用性、智能性及安全性，为我们提供更好的服务。

在科技的推动下，在商界大咖、互联网巨头的关注下，智能家居市场将会得到很好的开发。在可以预见的未来，在智能家居领域，

第 4 章
智能+生活服务：让复杂的生活变得更简单

人工智能的进步有望推动智能家居进一步发展，让更多人体验到智能家居人性化、便捷化的服务。

4.2.1　入口：语音主动交互

十年前，智能家居还不出名，许多人都认为智能家居是科幻作品中的奇妙想象。如今，人们对智能家居的了解越来越多。对于物联网技术、大数据技术、云计算算法等新鲜词汇，我们也耳熟能详。

近年来，随着算法技术的发展，人机之间的基本语音交互已经不再是难题。在人工智能技术迅速发展的今天，亚马逊的 Echo 音箱、阿里巴巴的天猫精灵及百度的度秘音箱，也已经成了真正的爆款产品。这些智能音箱的存在也已经成为智能家居不可或缺的一部分。

2019 年，智能家居产品的销售量继续保持高速增长，它们逐渐走入寻常百姓家。在智能家居产品"落户"的过程中，越来越多的居民开始爱上这一人性化、智能化的产品，它的产业价值被进一步释放。未来，智能家居产品将会有更加广阔的消费市场。

从本质上来讲，智能家居的突破口，就在于语音交互技术的发展与应用。图 4-2 为我们展示的就是基于语音交互的智能家居模型。

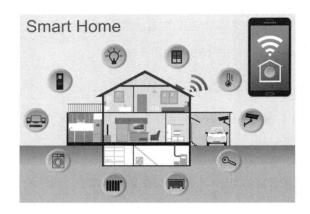

图4-2 基于语音交互的智能家居模型

如果没有语音交互的进步，那么智能家居就不会如此火热。以前也有智能家居产品，例如，我们可以用智能手机控制电视、控制计算机。但是这样的智能产品还是基于"触屏"的一种交互，只有有知识、会操作的人才懂得如何运用。总之，这样的智能产品是不具有普适性的。

语音交互技术产生后，任何人都可以通过语音来操控家里的家居产品，完全不需要有多高的操作能力。只要你会说话，你就能操控房间里的一切。

例如，我们可以对智能音箱讲："把我的手机打开"，它就能迅速打开手机；当我们对它讲："打开空调，订一份外卖"，它也能够智能地完成；当我们对它讲："拉开窗帘使屋内的光亮达到最适宜的效果"，它也能够合理地分析，然后做出令我们满意的举措。

但是，我们不得不承认，如今智能音箱的语音交互能力还是有限的。另外，如果我们对它讲一句方言或俗语，也许它就听不懂了。

我们也无须太过担忧，随着人工智能技术的不断发展，科学生态体系的不断完善，真正的全智能家居产品一定会出现在我们的视野中，为我们的生活服务。

目前语音交互技术的发展，已经为智能家居的发展打开了一个窗口。在未来，人工智能的进步将会为智能家居的发展注入更多的活力。在未来，语音交互技术及人脸识别技术将会进一步完善，会逐渐被应用于智能家居产品中。同时，更多的消费者将会慕人工智能之名前来体验智能家居产品，这样，智能家居就会有更好的发展前景。

4.2.2　反馈方式：全息投影

普通人也许根本不知道全息投影为何物，只知道它是很有科技感的一门技术；对于专门研究它的科学家而言，全息投影是一种神奇的技术，它能够将现实与梦幻完满地结合，达到以假乱真的效果；对互联网商业大咖而言，全息投影绝对拥有令人震撼的应用前景，隐藏着前所未有的商机。

那么全息投影到底是什么呢？

全息投影技术是利用光的衍射原理来记录、再现物体本原状态的一种 3D 图像展示技术。从本质效果来讲，全息投影技术能够在空气中或者特殊材质的三维镜片上完美地呈现出 3D 影像效果。所以，全息投影技术也被称为虚拟成像技术。

与目前通过大屏幕展示的 3D 效果相比，全息投影技术是一种真正的 3D 效果影像。荧屏 3D 整体上是通过增加光线的阴影效果来达到立体的展示效果的，这种展示效果与 360°无死角的观看效果相比还有很大的差距。

然而全息投影却有更加真实的、令人震撼的效果。因为在全息投影所展示的图像世界中，我们不仅能够看到在空气中呈现的立体幻象，还能够与立体幻象进行互动。既能增加娱乐性，也能开阔我们的眼界。

在历史上，最著名的全息投影偶像非初音未来莫属。

2010 年，动漫偶像初音未来第一次利用全息投影技术公开亮相。虽然在当时全息投影技术的展示效果还不完美，但是初音未来由二维升级为三维，使现场的观众惊叹不已。在现场表演中，初音未来仿佛是空气中的仙子，通过各种光的聚合，在舞台中央展示出了一个可爱的形象。她不仅能够一展优美的歌喉，还会与现场观众互动。总之，在当时引起了强烈的轰动。

全息投影技术的发展同样有较为长远的历史。

在 20 世纪 40 年代，英国物理学家丹尼斯·盖伯首次提出全息投影的概念。在 20 世纪 60 年代后，激光研制成功，自此凭借激光技术，全息投影技术也步入了一个全新的阶段。随着技术的不断升级，深入发展，科学家也相继研发出透射式全息、彩虹式全息及数字全息技术。总之，全息技术在整体上有着异彩纷呈的效果。

现在，全息投影技术的发展已经逐渐成熟。同时，在医学、娱乐、艺术馆藏等领域，全息投影技术也有着不错的表现。

例如，我们在历史博物馆中，可以充分利用全息投影技术，向参观者展示悠久的历史文物。这样，一方面，历史博物馆能够更加立体化地展示文物，使文物的展现有一种科技感；另一方面，我们也能够充分保护古老的文物，使它们不至于被毁坏。

全息投影技术不仅可以在一些公开的场合中得到应用，还可以在私生活中得到应用。在智能家居领域，全息投影技术必然会有更完美的表现。

例如，在不久的将来，观看影视剧，根本就不需要借助电视机、计算机、平板或智能机等有屏媒介，只要通过智能家居的全套服务就能轻松达到目的。首先，通过智能音箱，让它把室内的光线调暗。其次，让它控制全息投影设备，投放我们想要观看的影视资源。最后，在室内，那些精彩的画面就能够立体化地展现在我们面前。此时，我们就能够360度无死角地观看，有一种沉浸式的观看体验效果，这样的效果比去电影院看3D影片还要好。

无论如何，从事任何商业活动都是需要群众基础及市场前景的。全息投影技术有更为科技化、智能化的效果，在家庭观影方面使用户体验良好,在将来必定能够最大限度地引起用户的注意,促使用户消费。

在人工智能时代,全息投影技术有更加强大的技术支撑,必将能够满足现代人更高端的需求。在智能家居方面,全息投影技术凭借其绚丽的展示效果,也必将产生非凡的效果。当然,科技的发展永不止步,在未来,除了全息投影技术,在智能家居方面我们还会设计出更加完美的展现效果,让丰富多元的空间设计给我们的生活带来更好的体验。

4.2.3 功能辅助:人脸识别

在人工智能领域,最火的莫过于人脸识别技术。人脸识别技术作为人工智能时代的技术"先锋军",在终端产品的研发与商业落地上被许多商业大咖看好。人脸识别技术在智能家居中也占有重要的地位,是智能家居商业落地的一个重要方向。

随着人工智能技术的不断发展,人脸识别技术也加速落地。从整体来看,人脸识别技术已经在生活中被广泛应用。

无人超市的人脸识别技术使我们能够"刷脸支付",轻松购物;苹果公司也新研发出了"刷脸"解锁的功能,这比指纹解锁功能更酷炫;在工作领域,刷脸考勤也成为一件很正常的事情;在智能家居方面,智能门锁也采用了人脸识别技术,房门以后也能轻轻松松地认出谁是主人,我们再也不用担心外出忘记带钥匙,

第4章
智能+生活服务：让复杂的生活变得更简单

陷入窘境了。总之，在人工智能时代，我们不知不觉就进入了"刷脸"的智能时代。

那么，什么是人脸识别技术呢？

人脸识别技术是一种生物识别技术，它能够利用大数据信息，识别我们的脸部特征，通过多次采集面部样本，最终识别人的面部特征。在采集人的面部特征时有四个步骤，分别是面部特征检测、面部图像预处理、面部特征的提取和最终的面部匹配识别。

在许多商界人士眼里，加速进行人脸识别技术的商业落地能够抢占市场先机。在他们眼里，如果要对人工智能有一个全面的布局，就必须从人脸识别技术做起。

不可否认，每一项新技术或发明的出现，都必须得到时间的检验及市场的检验，人脸识别技术的发展同样如此。几年前，人脸识别技术处于酝酿期，它的发展不温不火。如今，随着人工智能技术的发展，人脸识别技术被广泛应用，深受广大消费者的喜爱。

在智能家居领域，最热门的基于人脸识别技术的产品就是智能门锁。如今，依靠人脸识别技术的智能门锁，由于具有科技含量高、智能化、方便等特点，深受人们的喜爱。现在智能门锁也正以蓬勃的姿态向智能家居领域进军。相信，在不久的未来，智能门锁也必将取代传统机械门锁，走在时代的前沿，引领智能家居的科技潮流。

当然，基于人脸识别技术的智能门锁在当下仍然存在一些缺陷。例如，刷脸失败或者误刷等。但是我们不该因为这些缺陷而停止研发，毕竟只要深入研究，必然能够找到解决问题的方法。我们应该继续保持持续创新的激情与热度，以匠人精神深入打磨智能门锁，做好安全防护工作，使人们的生活因科技而更安全。

综上所述，在未来，智能家居行业必然会有更好的前途，只要进行科学的研究，让智能家居产品能够更好地为人们服务，形成一个科学、安全、高质量的生态，就能让人们的生活更舒适。虽然智能家居市场的未来充满无限的可能性，但是盲目的进行商业落地是不可取的，我们要进一步细分智能家居的落地场景，结合自己的产品研发优势，更好地进行商业落地。

4.2.4 替代模式：机器学习与操控

人工智能大师西蒙曾说过："学习就是系统在不断重复的工作中对本身能力的增强或改进，使系统在下一次执行同样的任务或类似的任务时，比现在做得更好或效率更高。"

在人工智能时代，我们要使机器能够进行深度学习，不断提高本身的能力，替代人类的部分工作，从而更好地为我们的工作和生活服务。当然，机器替代的部分工作是一些重体力的工作，或者是一些简单但琐碎的工作。人类则从那些不需要太多智力的工作中解放出来，从事更富有创造力的工作。这样，我们的生活才会更加美好。

总而言之，在人工智能时代，人工智能技术的发展是社会发展

第 4 章
智能+生活服务：让复杂的生活变得更简单

的主要动力。在这一动力系统中，机器学习，特别是深度学习算法才是人工智能发展的核心。

深度学习的核心就是让机器学会主动学习，让机器学会根据人们的生活习惯自动完成工作。

在智能家居领域，我们以智能门锁为例来说明它是如何进行深度学习的。

从理论上来讲，智能门锁能够实现用户、计算机及算法系统之间的无缝连接。这样，能够使门锁具有一些基本的知识储备及判断能力。在此基础上，它能够通过自主学习提高自己的智力，从而为我们提供更加智能化的服务。

另外，通过大数据资料的使用和云计算算法的提升，智能门锁可以对我们的开锁习惯及具体使用习惯进行综合分析和系统学习。然后它将这些数据信息转化为独有的机器思维方式，进行更加科学的思考，最终能够为我们提供更为人性化的服务。

如果我们从更为生活化的角度来解释，那么大家就会对智能门锁的主动学习及自我操控能力有一个更好的理解。

智能门锁其实像一个忠实的朋友和观察人员。它能够清楚地记录我们出门和回家的时间，它能够认识每一个家庭成员，它能够根据家人的使用习惯来提供个性化的服务。当我们该到家却没有到家时，智能门锁就会主动给我们打电话，询问我们的安全情况；如果作为家庭的主心骨，你外出工作了，你的妻子或其他人也都出去工作了，只有你3岁的儿子在家，而他又是比较调皮的，总是爬阳台，在窗户边玩闹，智能门锁的视觉监控系统就会格外关注孩子的状况。稍有差池，它就会即时报警或给你打电话，杜绝危险事件的发生。

综上所述，在智能家居领域，智能产品将会有更强大的学习能力与操控能力，能够更好地为我们的生活服务。

4.2.5 服务支撑：强大的内容体系

如果没有强大的产品服务能力，没有强大的内容做支撑，智能家居就不可能有更好的发展。

真正的人工智能时代是一个万物互联的时代。也就是说，不需要任何中间媒介，我们就能够和所有事物进行沟通。例如，我们可以直接与窗帘对话，让窗帘听从我们的指挥，使我们能够在房间里更加舒适地生活。

这仿佛是给我们的智能家居产品装上了一个更加理性的人工大脑。此时整个房间就相当于人类，它能够完全理解我们的话语，它能够根据我们的语言进行全方位的智能操作。

当我们结束了一天的工作后，疲惫地回到家中，它会主动为我们打开房门，帮我们拿出在家穿的休闲服装，为我们准备好饭菜。晚上，它会主动为我们提供热水，供我们洗澡。总之，一切都交给

第4章
智能+生活服务：让复杂的生活变得更简单

智能家居操纵，我们无须做任何事，享受生活即可。

也许你会觉得不可思议，觉得这样的生活离我们还很遥远，其实不然。随着人工智能技术的进一步发展完善，我们所描述的智能生活将会逐步来临。那时，智能家居系统将会拥有更高的自主学习能力及超强的自感知能力。

接下来，我们就以欧瑞博（ORVIBO）为例来具体说明智能家居的发展现状，以及证明强大的内容体系、超强的服务支撑对于智能家居行业发展的重要性。

深圳欧瑞博科技有限公司是一家年轻的公司，却是一个非常有活力的创新型公司。他们始终秉承"够用的设计，自然的智能"这个理念，努力突破发展的技术瓶颈。

在智能家居领域，他们已经树立了行业的技术标准、审美标准及服务标准。他们不断追求更高品质的智能家居产品，为我们的生活提供更加智能化的场景与内容。

无论从事何种行业，只要秉承诚信服务的理念，始终用新颖的产品满足客户的新需求，产品就不会落伍，智能家居领域的产品也必然符合这样的规律。

综上所述，智能家居的发展道路还很漫长。在这个漫长的过程中，我们的目的就是把智能家居打造成一个超级大脑。让它成为我们的眼睛、鼻子和耳朵，甚至成为我们的心灵沟通员，这样，智能家居才会更智能。但是，成功不是一蹴而就的，我们还需要进一步提高服务水平，为客户提供最完美的智能家居产品。

4.3 案例：天猫精灵

随着智能家居产业链的延伸、拓展、完善，我们对智能家居产品的需求不断增加，要求也不断提高。

在 2017 年"双 11"晚会上，马云携天猫精灵智能音箱成功亮相。天猫精灵以 99 元的特低价销售，成功打开了智能音箱的消费市场。

在"双 11"当天，天猫精灵的交易量就突破百万，打破了我国智能音箱的销售纪录。

在智能家居领域，天猫精灵无疑是一台为中国家庭设计的智能机器人。它虽然体积小，却有一个智慧"头脑"。它能够听懂你的语言并与你进行简单的沟通，它会根据你的指令完成相应的任务，完美地控制家居产品。

在互联网状态下，它会告诉你一切都已就绪。这时，你只需轻

第 4 章
智能+生活服务：让复杂的生活变得更简单

轻呼唤"天猫精灵"，它就能够成功与你对话。

只要你有需求（能够实现的需求，不是不切实际的幻想），把需求说出来，它都能够帮你高效完成。

当你对它说，"帮我买一双性价比高的鞋"，它就会自动上网（它能够无缝对接天猫与淘宝平台），搜索人气高、销售量多的产品，然后你只需再检测一下是否符合你的需求就可以了。当然，你也可以让它帮你充话费、叫外卖；让它给孩子讲优秀的童话故事；当孩子临睡时，让它给孩子播放摇篮曲；它甚至能够控制智能家居产品。当你告诉它，将室内空调的温度调到28°，它就会智能化地完成任务。同时，它还拥有更智能的声纹识别能力。它能够根据声波辨别每一个人的声音，从而识别使用者是谁。

综上所述，天猫精灵之所以成为智能音箱中的翘楚，与其强大的智能体系、相对低廉的价格，以及科技感、时尚感同时具备的高颜值外观密不可分。在未来，如果要进一步拓展智能音箱市场，就必须做到更高科技、价格更低。

第 5 章

智能+娱乐：开启未来新体验

在人工智能时代，人工智能不仅可以应用于工具类领域，还可以应用于娱乐类领域。

所谓人工智能的工具化，就是利用人工智能技术赋予产品技能，最终提高人们的工作效率；所谓人工智能的娱乐化，就其意义而言，最终是要为我们创造更多的生活乐趣，提高幸福指数。

人工智能娱乐化的最佳体验就是让人们参与人工智能产品的成长与学习，让人们在这个过程中体会到培养人工智能产品的幸福感。

总之，在我们的娱乐生活中添加一些人工智能元素，将会有一种全新的生活体验。我们可以体验到人工智能科技的炫酷，也可以体验到人工智能科技的"暖萌"。

第 5 章
智能+娱乐：开启未来新体验

5.1 智能+泛娱乐，引领新机遇

在人工智能时代，人工智能产品如果能够和泛娱乐化相结合，必定会成为时代的新宠。目前，"智能+泛娱乐"的产品仅仅局限于感知能力的提升。例如，智能音箱的发展只限于用语音和人们进行沟通，而且它只能根据人们的相关指令进行智能操作，不能自主进行决策。所以，人工智能仍停留在工具应用阶段，不能为人们的娱乐活动提供更多的帮助。

如果想要突破这一局限，使人工智能产品在推理、决策层面有更大的进步，让它丰富我们的娱乐生活，这就需要更全面的大数据信息作为其云计算的基础。它的云计算能力越强，它的智能水平也就越高，它就能够逐步跨过感知能力的层面，进入一个新的决策阶段。

5.1.1 人工智能布局内容，让创作自动化

在这个泛娱乐化的时代，随着人工智能技术的进一步升级，人工智能将不再是生产工具，而会成为创作工具。人工智能不仅会在

智能音箱、无人驾驶、智能医疗等领域为我们的生活、工作服务，还会在艺术领域及创意领域给我们带来惊喜。

随着人工智能的快速发展，写作领域和音乐领域也逐渐被人工智能"攻克"。

在机器人写作领域，有一件值得我们关注与深思的事情。日本的一所大学——公立函馆未来大学用人工智能创作出一部名为《机器人写小说的那一天》的短篇科幻小说。

这部人工智能创作型小说的幕后推手是一个名为"我是作家"的人工智能团队。这部人工智能小说也已经通过了日本科幻文学奖"星新一奖"的初步审核。评委们也一致认为，小说在情节设计上没有太大的缺陷。

虽然"我是作家"团队曾事先设定好主要人物、情节大纲等零部件内容，之后再由人工智能机器进行自主创造。从整体来看，它能够进行自主创作，而且内容有理有据，就已经是一种很大的进步了。

英国科技公司 AI Music 的首席执行官马哈·戴维（Siavash Mahdavi）曾经说："随着人工智能的发展，机器和自动化正在逐步颠覆人类自认为不会被其他事物取代的观念，而我们始终把创造力视为人类与机器最大的不同之处。"

如今，智能机器做的事情越来越多，在音乐创作领域，它更是有令人惊讶的效果。大数据和云计算总是能够颠覆人们以往的观

第 5 章
智能+娱乐：开启未来新体验

念。现如今，对人工智能机器而言，创作一首歌曲简直易如反掌。同时，人工智能创作的歌曲将会进一步与人类创作的歌曲相交融，为我们带来全新的听觉体验和非凡的娱乐效果。

那么，在具体操作层面，人工智能是如何快速创作歌曲的呢？

Jukedeck 公司于 2012 年成立，是英国的一家年轻的人工智能音乐制作公司。如果你想要制作一首人工智能歌曲，只需登录他们公司的官网，输入想要创作的歌曲风格的特征、节奏的快慢、音调的起伏变化、乐器的类型、歌曲的长度等基本信息后，就可以自动谱写出一首优美的歌曲，而且用时还比较短，比一名谱曲作者的用时要短很多。

对于人工智能创作音乐的技术问题，Jukedeck 的首席执行官 Ed Newton-Rex 曾经说："几年前，人工智能还没有到达可以为人写出足够好的音乐的阶段，但是现在技术已经非常成熟了。"

相比于人工智能创作音乐的技术问题，许多人担心人工智能创作音乐会带来危机。因为自古以来，音乐就是一个主观性强，且需要无限灵感与智慧的领域。而人工智能如果逐步替代人类创作音乐，成为时代的主流，那么人类的创造力又该如何谈起？同时，对于人类音乐创作来说，人工智能创作音乐的意义又在哪里？人工智能音乐能否给人类带来真正的艺术享受？总之，人工智能音乐自诞生之日起，就引发了无数的争论。

当人工智能音乐面临种种质疑的时候，音乐行业顾问马克·马里根曾经说："只要这个音乐作品能够找到平衡点，就会有足够的和弦配合，间杂适当的创新和休止符，那就足够好了。"

所以，我们对于人工智能创作音乐，也应该持一种宽容的态度。虽然人工智能音乐是在大数据及云计算的基础上由智能机器自主创作的音乐，但还是离不开人类赋予它的一些基础音乐知识。所以，人类的创造力不会消失，人工智能音乐反而是人类创造力的另一种升华。

同时，人工智能也能创作出人类无法创作出来的音乐。人工智能音乐的谱写对于优秀的谱曲家来说更是一种启发。在未来，人工智能势必会和人类一起谱写出更加优美的曲调，让我们的耳朵享受到更美的音乐。

总之，人工智能技术具有快速反应、整合资源效率高等优点。基于这些优点，我们在内容创作方面进行人工智能的布局，必然会促进文娱产业的发展，让我们的文娱生活更丰富。

5.1.2 布局用户，让机器理解用户

满足用户的需求是智能机器发展的基本要求；让智能机器理解用户才是人工智能发展的最终目的。

我们不可否认，无论是何种工具，在设计之初都是为了满足人类的需求。例如，渔网的设计是为了满足人们捕鱼的需求；蒸汽机

第 5 章
智能+娱乐：开启未来新体验

的发明是为了提高人们的工作效率，并且把人类从重体力劳动中解放出来；汽车、飞机等交通工具的发明是为了满足人们更高的出行效率的需求。

虽然在机器的发明过程中，我们的工作效率提高了，生活也更加便捷高效了。但是不难发现，机器只能满足我们的基本需求，而不能主动理解我们的需求。这一弊端，给我们带来了诸多不便。

例如，我们是在自然语言的环境中逐渐成长的，对于周围的一切，我们也习惯用母语进行沟通交流。然而，在 PC 时代及互联网时代的早期，我们只能通过键盘、鼠标来搜索相应的知识。虽然这比直接向相关专家询问要快捷许多，但是我们被困于计算机前。我们不能进行更多的语言交流，只能适应计算机的特性，长此以往，我们与人交往的能力就会受到限制，我们的语言表达能力会变差，这不利于人的全面发展。因此，如果工具仅仅满足了人们的基本需求，而不能与人们进行更好的交互，不能理解人们的需求，那么在我看来，这将是技术最大的悲哀。

在移动互联网时代，在人工智能发展的初期，让机器理解人的自然话语，让机器能够与人进行基本的对话，则是技术发展史上的一个重要转折点。此时，机器才由满足用户的需求向理解用户的需求平稳过渡。目前，众多的设备都包含语音交互能力。例如，苹果公司的 Siri、百度的度秘等。

让机器理解自然语言，最基本的要求是它要能够听清而且能够听懂我们的语言，这就需要有强大的语音识别能力和语义解析能力。

在人工智能发展的初期，智能机器人的发展也还处于初级阶段，它的功能只限于听懂我们的话语，执行我们的命令。这离理想状态还有很大的差距。

在理想状态下，能够理解我们需求的智能机器人应该包含 3 个基本特征（见图 5-1）。

在目前阶段，智能机器人基本具备了自主学习能力及资源整合能力。虽然与最终更为智能的效果相比还存在一定的差距，但是在算法的能力上及大数据的技术上，它有较大的上升空间。未来，智能机器人这两方面的能力还会有较大的突破。

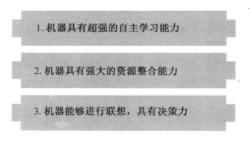

图 5-1　机器理解用户需求的 3 个基本特征

但是让机器拥有强大的联想能力及果断的决策能力，目前还有许多技术上的问题。我们要坚信，技术上的问题应该能够通过技术的进步而逐渐得到解决。

现在，科学家正着力研发一项名为"情感机器人"的技术。目前，在这一技术的支撑下，拥有"情感"的机器人初步具备了 5 项更为强大的智能。

第一，情感机器人拥有基本的理解能力，可以通过文字信息、图片信息、语言信息精准地对人们的情感进行捕捉。

第二，情感机器人也能像人类一样，拥有更为长期的记忆，能够通过自然的对话，理解我们更多的真实意图和真实需求。

第三，更加智能的是，这些情感机器人可以根据我们情绪的波动变化，来调整自己的对话策略，产生更加有趣的人机互动效果。

第四，在自然对话中，情感机器人能够帮助我们处理一些复杂的问题并提出一些合理的建议。

第五，情感机器人能够对用户的喜好进行特别的记忆。这样，它便能够为我们提供更为个性化的服务。目前，人工智能产品大都缺少情感，记忆力只停留在单句的指令层面，只会做出机械的回答。

核心技术的高速发展会让智能机器人的发展更为迅速，更为成熟。在人工智能时代，通过机器学习能力的提升和云计算技术的深入发展，未来，我们必定会研发出功能更全面的智能机器人。那时，智能机器人将更加能够理解我们的需求，而非只是满足我们的需求。那时，它将会具备更出色的灵活性及更强大的适应性。

5.1.3 布局运营，让商业智能化

在人工智能时代，要做到商业智能化就需要充分利用大数据资

源及深度利用云计算技术，同时结合人类特有的洞察能力进行产品设计，寻找产品的升级迭代方向。只有这样布局运营，我们的商业运转才会跟上时代的潮流，才会获得利润。

在传统时代，我们做生意大都是"什么热卖什么""什么赚钱卖什么"（非法商品除外）。或者说，我们的商业运营遵循的大都是商业经营中的"二八法则"。

商人只卖20%绝对能够赚钱的产品，对于80%暂时不确定利润的产品，则会选择不闻不问。在这样的状况下，即使人们有相关的商品需求，市场上却并没有满足他们需求的相关商品。这对商人来说无疑是错失商机。另外，过度地在市场上投放20%绝对能赚钱的产品，也会导致市场的过度饱和。同时，没有差异的竞争，必将导致低价竞争，最终产品的销售效果也不会很好，也会导致资源的浪费。

在人工智能时代，大数据资源越来越丰富，云算法技术越来越强，计算机的智能水平也越来越高。在这种情况下，智能计算机就能够根据大数据信息做到精准营销。此时，商业运营理念也将会取得进一步的进展，我们会更加遵循长尾理论，如图5-2所示。

长尾理论于2006年诞生，最早是由美国《连线》杂志主编克里斯·安德森提出的。他认为，随着社会经济的发展和互联网技术的提升，原来市场上的一些小众产品的关注成本也在逐渐降低。市场上的小众产品集合起来就形成了一条"长长的尾巴"。同时，当我们把小众产品集合起来就会发现，小众产品集合的总量不亚于市场上的主要产品的总量。相应地，小众产品所创造的价值也会与主要产品相当，甚至会高于主要产品的价值。

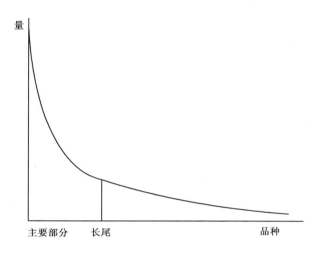

图 5-2　长尾理论模型

当然，长尾理论的前提是互联网技术的迅速发展。在人工智能时代，算法能力大大提升，SEO（搜索引擎优化）技术也更先进，同时，大数据又为我们提供了更全面、更精准的数据。这一切都使得非主流产品的关注成本降低，批量化生产成为可能。

非主流产品是有个性的产品。不同人的心中有不同的非主流产品，因人而异，种类繁多。在这样的情况下，人工智能技术能够帮助我们实现非主流产品的精准定位，准确定位会进一步促进产品的销售。

在人工智能时代，如果要使商业运营更加智能化，我们就要学会运用长尾理论来武装自己的头脑。如果要高效利用长尾理论,就要进一步提升大数据技术和云计算的能力,因为商业智能化的关键就在于数据的运维能力。如果不能好好利用人工智能技术带来的智能的、精确的数据资源,那么在商业运营上我们必然会接连溃败。

那么,在人工智能时代,如何提升人工智能产品的数据运维能力呢?具体要做到 3 个方面,如图 5-3 所示。

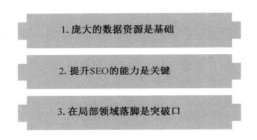

图 5-3　提升数据运维能力的三部曲

1. 庞大的数据资源是基础

在人工智能时代,没有数据就没有发言权,良好的数据信息是一切工作的基石。一份全面的数据信息能够更好地帮我们进行产品定位、市场细分,人群细分,会让我们产品的销售、商业的运营获得巨大的成功。

那么如何获取庞大的数据资源呢?这里有一个比较费时,但是十分有效的方法。

Siri 语音刚推出时,很多人都认为它没有实际的用处,只是一种生活的调剂品。但是苹果公司却不这样想。他们通过 Siri 收集了很多用户最真实的语音,了解了他们的基本需求。在这一层面上来讲,苹果公司确实收集了大量的数据。

刚开始时,Siri 的语音处理能力很弱,只会回答一些简单的问题,但是随着用户提问问题的增多,苹果公司对 Siri 进一步优化,它的语音处理能力越来越强,能够更好地回答用户的提问。人们得到满意的回答后,就会逐渐习惯使用 Siri。如此良性循环,苹果公司也就获得了更多的数据资源。

整体来看,苹果公司的这种数据收集方法虽然有些慢,但确实是一种实用的方法。虽然刚开始收集的那些数据不够精确,但却为数据量打下了基础。有了庞大的数据资源,Siri 的深度学习能力就会进一步增强。这样,Siri 就能为客户提供更好的回答,也为苹果公司的语音系统打开了大门。

由此可见,在人工智能时代,无论你运营哪种商业产品,都必须收集到更庞大的数据资源。

2. 提升 SEO 的能力是关键

目前,搜索引擎技术只能为我们提供一个大致的方向,并不能立即为我们提供一个最完美的答案。

例如,当我们在百度上输入"如何获得成功"之类的问题时,它会立即给出许多相关的信息。可是当你看了一个又一个消息时,总觉得索然无味,没有一篇文章中包含实用的干货,都只是一些心灵鸡汤类的励志口号或"假大空"的策略。

在人工智能时代，我们的人工智能产品应该具备智慧，在深度学习的基础上进一步提高自己的优化能力，为我们提供可取的解决措施。

例如，当你对人工智能产品说："什么样的图书销量会更好"，它会在已有的大数据信息上进行深度学习，并且理智"思考"，最后给你一个有理有据的答复。

当然，这样的技术目前尚未达到，但是针对人工智能技术的发展状况，陈华钧教授用 PC 的发展状况做了一个类比推理。他说："我们现在的人工智能，就像计算机处在的 20 世纪 80 年代，甚至更早。当今科技发展迅速，信息传递快捷，人工智能的发展速度肯定会越来越快，也许十年甚至五年后，人工智能就会像计算机一样，走进千家万户，成为我们生活中的一部分，这就需要我们进一步提升科技能力。"

3. 在局部领域落脚是突破口

任何商业帝国的建立都不是一朝一夕的，而是需要一点一滴的发展。只有在自己擅长的领域进行商业落地，并且坚持不懈的地努力，必然会缔造出一个属于自己的商业传奇。

李彦宏就是一位资深的技术专家，他在搜索引擎优化技术方面有着独特的天赋。正是怀着要做一个最大的中文搜索引擎网站的梦想，他与自己的团队创立了百度。百度在初创时，最核心的业务就是搜索引擎优化。而且仅凭借着这一点，他就在互联网公司中占有一席之地。

如今，虽然百度旗下的产品及百度的覆盖面都很广，但是在搜索引擎优化方面，他们这个团队仍然在不断进行研究。

在人工智能时代，新时代的技术大咖、商界精英也要努力抓住机遇，选择一个比较好落脚的领域进行研究，争取成为新时代的商业巨人。

综上所述，要让人工智能促使商业更加智能化，就离不开大数据、云计算能力的综合提高。同时，在技术的基础上，我们要改变运营观念，要综合长尾理论与"二八原则"各自的优势，使自己的商业运营更加智能化。

5.2 应用落地领域：游戏

人工智能时代是一个更加泛娱乐化的时代。在这一大时代背景下，人们最感兴趣的莫过于好玩的游戏及丰富多彩的娱乐生活。

游戏既可以是狭义上的游戏，如各种端游和手游；也可以是广义上的游戏，如各类有趣的段子及"暖萌""酷炫"的、为我们的生活增加乐趣的"黑科技"等。游戏的本质就是使人放松，获得乐趣、体会在现实生活中无法实现的种种快乐。

人工智能时代，游戏将过渡到新的层面。人能够与游戏角色进行互动，这将是新时代游戏的最新特点。

可以预见的是，在未来的游戏世界里，我们将会有耳目一新的感觉。

5.2.1　广义游戏主题：智能宠物机器

如前文所述，游戏也有广义与狭义之分。智能宠物机器应该属于广义的游戏范畴。

在人工智能时代，智能宠物机器主要有两种形态，分别是宠物保姆机器人和智能机器宠物。

宠物保姆机器人就是能够帮助我们管理宠物的智能机器人。它能够在我们外出时，帮我们管理宠物，让宠物也能活得潇洒、快乐。

说到智能机器宠物，常见的就是智能机器狗。它拥有与普通宠物相似的外表，却有着更强大的功能。通过算法的提升，它能够与我们建立深厚的感情，一点也不逊色于普通的宠物狗。

首先，介绍一下宠物保姆机器人的商业落地与发展现状。

人类很早以前就已经有养宠物的习惯了。在现代社会，尤其

第 5 章
智能+娱乐：开启未来新体验

是在城市中，宠物更是成了生活的一部分，成了家庭的一部分。在都市青年的生活中，宠物更是成为不可或缺的萌物。在无聊的时候，只要有它们陪在身边，我们一整天疲惫的状态都能一扫而空，从而感觉到生活的惬意与温馨。

可是，你可曾想过，当自己早出晚归去工作时，家里就只有一个孤零零的宠物。在空荡荡的房间里，它只能通过来回踱步的方式来排遣自己的孤独情绪，它总是期待着你回家，期待着你能给它一个温暖的抚摸。可是，它不会说话，只能默默等待。

许多人也为此感到内疚，可是我们毫无办法，只能够通过多买些狗粮或猫粮来满足它们的基本需求或者周末带着它们去街上玩。

在人工智能时代，这一切也将成为过去，我们也无须过于自责。随着宠物保姆机器人的问世，我们再也不用担心宠物会感觉孤单了。例如，Sego 宠物保姆机器人。

Sego 的功能特别强大，它不仅能够全心全意地陪伴宠物，还能够根据猫狗消费能量的状况，智能地给它们喂饭喂水。此外，Sego 还能充当铲屎官，帮助我们清理室内卫生。

Sego 的外观比较简洁，色泽整体通白，可谓简约、大气、上档次。它的身体上还有许多其他智能设备，例如，高清晰度的摄像头可以充当它的双眼，这样它就能够全面地、清楚地观测宠物的动向；此外，它还有一双机械手，相当于人类的手，可以为宠物提供各种各样的服务。给宠物洗澡、挠痒痒这些基本活动 Sego

做起来简直易如反掌。

总之，Sego 拥有各种技能，仿佛宠物的私人保姆，做起事来有条不紊，不急不躁，十分贴心。

如果说 Sego 只是一个服务类的宠物保姆机器人，还不是非常"呆萌"的话，那么智能机器宠物完全可以成为"暖萌"的化身。例如，由北京 Roobo 公司研发的 Domgy 就是一只智能机器宠物狗。

Domgy 虽然只是一只机器人宠物，但是它有强大的功能。它有着类似于狗的基本形态，只是更加简约。

Domgy 拥有强大的人工智能，当它发现家中出现陌生人时，会主动将陌生人的相片或小视频智能地推送到我们的智能手机上，等待我们的确认。当我们给 Domgy 回复，"这个人是我的朋友，请热情招待"时，它会主动友好地与我们的朋友打招呼。同时，在一瞬间，它就能记住我们朋友的相貌，而且它的记忆力超好，根本不会忘记人的相貌。在这一点上，Domgy 要比普通狗强一些。普通的狗，如柴狗或金毛，它们虽然也很聪明，能够记住人的相貌，但是它需要 2~3 天的时间。

当然，Domgy 的功能还有很多。它会使用百度地图或者高德地图等帮助我们导航或定位；当我们触摸 Domgy 的脑袋时，在它的"脸屏"上也会有各种各样的反应，例如，动态的笑脸图片或者会飞过一些搞笑的语句和"暖萌"的话语；它的身体也会因为情绪的波动而抖动，仿佛真实的宠物狗；作为狗，它当然也拥有看家护院的本领，当不法分子入室作案时，它会及时报警。

综上所述，在养宠物成为潮流的现在，为了使我们的宠物有一个更快乐的生活，也为了使我们的娱乐活动更加丰富，选择人工智能宠物机器无疑是一种最好的方法。

5.2.2　核心玩法：通过人工智能与宠物建立强联系

在朝九晚五的生活中，我们不能时时刻刻与宠物在一起，不能总是和它们一起玩耍，我们总会觉得生活失去了一些乐趣。

可是这也没有办法，因为公司不允许我们带着自己的萌宠去上班。我们只能忍痛割爱，把可爱的宠物留在空荡荡的房间里。

在人工智能时代，这一问题将得到有效解决。我们在人工智能技术的基础上，可以远程操控宠物，与宠物玩耍，进行跨时空的互动。

这听起来有些不可思议，但是在算法技术不断提升的情况下，在人工智能相关技术不断更新的状态下，我们就可以做到以上那种超强互动。

目前，可以进行远程操控的智能宠物机器人已经问世，小蚁智家宠物陪伴机器人就是一个鲜明的案例。

小蚁智家宠物陪伴机器人无疑是人工智能界的"暖萌"新科技。

它的功能众多，除了能够定期喂食物和通过一些投球游戏逗狗开心，它还有远程语音及远程视频的功能。小蚁智家宠物陪伴机器人自带一款智能的应用系统，在这一智能系统下，它可以通过自身的前置摄像头，观察宠物的活动情况，并进行拍照和录像。这样，智能手机就能与它跨时空相连，我们也不用担心无法时常逗狗的问题了。这样的新科技将会带我们步入智能养宠物的新时代。

但是，在人工智能深入发展的时代，这样的功能也会逐渐落后，我们要对小蚁智家宠物陪伴机器人进行深入研发。

到那时，我们不但可以轻松实现远程观看、操纵，还能通过人工智能技术理解狗的语言，了解它的内心世界，而不是仅仅通过狗的外在表现（如叫声、睡姿、尾巴摇动的频率、跳跃的次数等）来猜测它的想法。

到那时，我们的智能机器能够通过对狗的叫声及各种外在特点进行深度学习，最终学会用狗的方式与它进行交流，然后智能机器再把狗的相关需求通过人类的语言表达出来。这样，智能机器就能充当我们与宠物之间的"语言翻译"人员。我们与宠物之间的交流将会得到进一步提升，我们的娱乐生活将会更加有趣、丰富多彩。

虽然现在看来，这还是遥不可及的科学幻想，但是在这个迅速发展的科技时代，只要我们能够发挥合理的想象，还有什么不能实现的呢？在移动互联网时代，许多新的科技产品的出现使我们的生活发生了翻天覆地的改变。在人工智能时代，我们必然会迎来新的科技巨变，人工智能也必然会不辱时代使命，使我们的生活更加有趣！

5.2.3 狭义游戏新规：让游戏角色与我们进行互动

在狭义的游戏领域，人工智能技术的参与将使游戏更加有趣、精彩。

从人工智能技术的商业落地角度来看，人工智能与游戏的结合必然会带来更大的商业价值。从目前已经初步商业落地的领域来看（如智能音箱、智能家居产品等），人工智能都能借助更加智能的技术提升用户体验，丰富我们的生活，而且这些新产品的变现能力很强，有着不错的商业前景。

游戏产业、智能音箱及其背后的音乐产业，则会有更强的变现能力和更美好的商业前景，我们也有充分的论据来证明。

在 PC 时代发展的后期，随着个人计算机的逐步普及，人们就很少去网吧上网查阅资料了，许多人去网吧上网基本上是为了打游戏。

英雄联盟的火爆，再一次带动了电竞商业的发展。在电竞商业火热的这些年里，整个电竞圈都取得了很好的收益。

可是纵观所有的游戏，我们会发现这些游戏都是基于键盘的操作或者通过触屏操作的形式来完成的。我们只是在操控游戏中的人物，让它们完成游戏指令。虽然我们可以融入游戏中，但是游戏角色不能与我们进行互动，这是游戏的缺点。

在人工智能时代，我们将会设定游戏新规则。在新规则下，我们可以与游戏中的人物进行互动、交流，这无疑会增加游戏的代入感和趣味性。

AlphaGo开启了新时代游戏的先河。虽然这是一场人与智能机器人之间的围棋博弈，但从更宽广的角度来看，这也是一场人与智能机器人的游戏。在游戏的过程中，AlphaGo在思考，虽然我们面对的仍是一个冷冰冰的屏幕，但AlphaGo的灵魂、"大脑"都潜藏在屏幕背后。通过它下围棋的招数变换，我们可以猜测它的心理变化，从而获得玩游戏的快感。

在人工智能时代，人可以与游戏角色互动。也许刚开始，我们不能进行全面的互动，但是我们可以从最简单的语言交互逐渐过渡到多种感官的交互，最终达到全方面智能化的互动，增加游戏的娱乐感。

例如，在起步阶段，我们可以很简单地设计一个智能宠物游戏，当然这个游戏的进程也需要遵循循序渐进的原则。我们与游戏内的宠物依次展开语言互动、眼神互动、肢体互动，最后到心灵互动。

这款智能宠物游戏只是一个实验，最终我们要让人工智能互动游戏全面落地，为我们的生活增添更多的趣味。

5.2.4 游戏反馈：透过云端与游戏宠物实时共享

在人工智能游戏中，所有的游戏角色都将拥有超强的智能。游戏角色能够自己联网，自己进行深度学习，增强它自己与我们的交往能力。而我们也可以把自己的所见所闻所想通过云平台或者端渠道对它实时共享，由此在智能游戏中获得交流、沟通的快乐。

人工智能游戏技术还没有到达终极阶段，我们可以一步步地来实现。这里，我们还是以智能宠物游戏为例，来说明我们如何与游戏宠物进行经验的交流、成果的共享，具体步骤如图5-4所示。

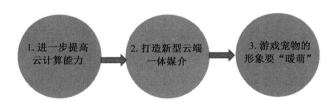

图 5-4　实现人与游戏宠物高效交流的三部曲

第一，进一步提高云计算能力。算法技术的提升是人工智能发展的关键动力，人工智能游戏的商业落地自然更需要先进的算法。

在新算法的技术支撑下，人工智能中的游戏宠物将会逐渐听得懂人类的语言，并能够用语言与我们交流；游戏宠物也会认得谁是它的主人，而且会逐渐建立起与我们的依赖感。此时，游戏宠物就类似于神话故事中活泼可爱的小精灵。游戏宠物还将有更强大的情感感知力，它能够感知我们的喜怒哀乐，并会在我们高兴时分享我们的快乐。在我们忧郁时，它会与我们一起承担痛苦，同时还会为我们讲一些幽默诙谐的故事，使我们快乐。

当然，此时分享快乐已经不再是人类专有的特权。游戏宠物也会在它们有需求的时候主动联系我们，与我们分享它在游戏世界中的快乐与痛苦。我们会与游戏宠物携手共进，获得快乐。

第二，打造新型云端一体媒介。现在，智能音箱已经成了新型云端一体的代表设备。可是，智能音箱只能与智能家居产品配合使用，局限性太强。

在人工智能游戏领域，我们需要一种新的云端一体媒介。例如，我们可以打造一个新型智能芯片。

我们可以把智能芯片注入游戏角色的实体模型里。每一次打完游戏后，这个智能芯片的内容将会智能化地更新。同时，这款智能芯片有着强大的语音交互能力及语义理解能力，能够很快捷地理解我们的话语，甚至聆听我们的心声。这样，我们就可以随身携带它，让它随时向我们诉说游戏世界的新变化。

第三，游戏宠物的形象要"暖萌"。我们希望在人工智能游戏世界里，游戏的角色是"暖萌"的。现在的科技是"酷炫"的，但是目前的产品是冷冰冰的。AlphaGo 只是拥有强大算法及程序的冷冰冰的机器，即使我们与 AlphaGo 反复进行围棋训练，我们也不会喜欢上它。

相比于 AlphaGo，智能音箱基本上已经有了较为固定的形态。虽然仍然摆脱不了过于相似的格局，但最起码有了一些"暖萌"的感觉。

在人工智能游戏领域的早期发展阶段，游戏宠物也应该继承这一"暖萌"的风格，并把它发扬光大。另外，在"暖萌"的设计风格中要增加多元的表现风格，这样会吸引年轻人的目光。

综上所述，通过云端与游戏宠物实现共享仍是一个梦想，但是只要坚持技术的引领、新型平台的打造及"暖萌"的游戏形象设计，我们的这个人工智能游戏梦也必将成真。

5.2.5 晋升途径：宠物等级越高，功能越强大

回顾电子游戏发展的历史，我们不难发现，任何游戏想要获得深度关注，都必须设置游戏等级或游戏关卡。

这是游戏行业发展的一个铁规，人工智能游戏的发展必然也无法逃离这一发展规律。

在单机游戏时代，我们一般都不提账号等级，因为在那个年代根本就没有游戏等级的概念。那时流行的都是通关类游戏，一般来讲，游戏都会设置 5~8 个关卡。每一个大的关卡下，也会设定一些小的关卡。

在单机游戏最流行的时代，最火的应该是超级玛丽及魂斗罗。

那时，我们通过通关数量的多少来衡量一个玩家游戏水平的高低。关卡的设置吸引了大量的玩家，使单机游戏卡大卖，那些早期的生产商也获得了大量利润。

随着网络游戏时代的到来，传统的关卡设置也不再有吸引力。当我们通关一个游戏后，就会觉得这个游戏没有意思，对同款游戏也很难再提起兴趣。

等级的设置此时就能起到良好的效果。

在移动互联网时代，手游继承了等级升级的传统玩法。以王者荣耀为例，随着账号等级的提升，玩家会获得相应的等级奖励，包括功能的奖励及游戏币的奖励。通过这样的方式，吸引了数万名玩家。

在人工智能时代，在人工智能宠物游戏的设定中，游戏宠物也会有相应的等级。等级由低到高，它的智能程度也会由低到高演变。

例如，在1级的时候，游戏宠物只会冲我们眨眨眼，微微一笑。随着等级的提升，它逐渐能听得懂我们的语言，看得懂我们的表情变化，听得出来我们的心理诉求，并且会帮我们答疑解惑，满足我们的需求。

其实，这也是我们与游戏宠物共同学习、共同进步的一个过程。在这个过程中，我们与游戏宠物的联系进一步加强。我们会认为自己参与了游戏宠物的整个成长过程，自己是游戏宠物的缔造者，心中会有一种自豪感和喜悦感。这样，我们与游戏宠物的感情也会越来越深，它在我们心中的地位自然而然也会越来越高。最终，我们也会放不下这款游戏，对它产生依赖感。

总之，人工智能游戏的商业落地也必然要遵循等级提升的模式。通过游戏宠物等级的升级，进一步提升宠物的功能。这样，一方面会使我们和游戏宠物有更强的互动，对其产生依赖感，另一方面也有利于人工智能游戏的全面商业落地。

5.2.6 持续更新：不断更新，提供新玩法

在人工智能时代，面临市场的变化、技术的升级、用户多元需求等综合因素，游戏市场也必然会迎来新的转型。在人工智能时代，我们的目标是让游戏市场向着智能化、人性化等方向进行新的突破。

要做到智能化与人性化，我们还有很长的路要走。但无论如何，都离不开玩法的持续更新。

关于人工智能游戏的不断更新，这里给出三方面的建议，如图5-5所示。

第一，革除落伍的游戏元素。其实，任何内容产业的创新都离不开推陈出新、革故鼎新。虽然去除自己曾引以为傲的产品是一件很痛苦的事情，但是如果不革除落伍的内容，必然会被新时代的新内容淘汰。

我们从游戏发展、游戏进化的角度就能够了解这点。

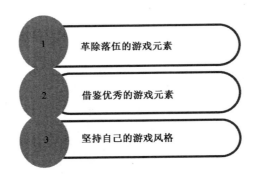

图 5-5 人工智能游戏更新的三元素

从单机游戏到网络游戏,就是游戏自我革新的一个过程。通过革除单机游戏封闭的循环系统,游戏玩家就可以通过网络与更多的玩家进行交流,从而大大增加游戏的交际性和娱乐性。虽然在革除单机游戏时,一些游戏厂商是不情愿的,但是当看到网络游戏有如此好的发展前景时,他们也会笑逐颜开。

从端游到手游,也是一次全新的革新之旅。随着移动互联网时代的到来,智能机得到快速发展。谁占据了手游市场,谁就抢得了发展的先机。于是,许多厂商就结合智能机的特点,选择优秀的游戏软件技术人员,成立工作室,开发新的手游产品。这样,手游就成了游戏的新兴元素和时代的新宠儿。

如今,我们处于人工智能时代的早期,虽然人工智能技术还不是很完善,但是其作为观点上的革新,我们一定要先人一步。我们要把游戏与人工智能技术融合,塑造能够与人类对话的游戏角色;而且不止对话,游戏角色会像一个虚拟的小精灵一样读懂我们的思

第 5 章
智能+娱乐：开启未来新体验

维，帮助我们解决生活中的疑惑及游戏中的困惑。这样，在人工智能时代，游戏才会给我们带来更多的乐趣。

第二，借鉴优秀的游戏元素。如果我们想成为更加优秀的人，就需要有海纳百川的胸襟。如果总是敝帚自珍，坐井观天，那么最终会被时代淘汰出局。

优秀的游戏制作同样也需要借鉴、融合。Dota 创建于 2006 年，在端游方面，开创了两军对垒、推塔类游戏的先河。Dota 可以单机玩，也可以联网玩，在互联网技术还不是特别发达的年代，可谓风靡一时。可是在更大的市场推广方面，它却遇到了诸多问题。一个主要原因是 Dota 的操作较难，不是简单且易上手的游戏，只有资深玩家才会对这款游戏爱不释手。2011 年，LOL 借鉴了 Dota 的推塔元素，选择了更为简单的操作方式，深受广大游戏玩家的喜爱。

在人工智能时代，全新的游戏也需要借鉴优秀游戏的长处。只有与新技术融合，并且拥有受人喜爱的游戏模型，游戏才会有更长远的发展。

第三，坚持自己的游戏风格。有特色的才是最好的。我们在制作研发新游戏时，可以借鉴其他优秀游戏良好的一面，但是不能完全照抄，而是要有自己的特色。

所谓特色，就是要延续自己一贯的游戏制作风格；要让自己的产品与游戏玩家有一个更高的契合度；要有本土化的特色。

腾讯 Timi 游戏制作团队就是一个富有特色的游戏制作团队。他们的设计风格一贯简洁，这样很容易进行操作。天天酷跑、王者荣耀，有着相似的界面，这样就会有很高的用户黏度及产品契合度。

同时，Timi 团队的游戏制作很有本土特色。他们的游戏制作风格都比较符合中国人的审美，会给我们带来很好的视觉体验。

在人工智能时代，游戏制作也同样需要保留自己的风格，要有更加本土化的元素。只有这样，才可能打造出一款世界级的游戏。

综上所述，在人工智能时代，要想给游戏提供新玩法，不仅需要与最新的技术结合，更需要坚持和勇气。

5.3 案例：日本索尼宠物狗 Aibo

日本是一个人工智能极度发达的国家，日本在国家政策层面也极力扶持机器人产业。在大学教育层面，日本的一些综合性大学都设有机器人专业和机器人实验室，如早稻田大学、大阪大学、东京工业大学等。

在人工智能生产领域，日本的索尼公司也是极具盛名的。

早在 1999 年，索尼公司就公开发布了第一代人工智能宠物狗，并把它命名为 Aibo（爱宝）。在日语中 Aibo 的意思是伙伴。第一代 Aibo 已经能够听懂人类的语言，而且会做出相应的回应，许多日本人都把它当作真正的宠物狗来养。

关于第一代 Aibo，有着许多感人的故事。由于经济问题，索尼

第 5 章
智能+娱乐：开启未来新体验

公司在 2006 年被迫停止生产 Aibo，后来，一些 Aibo 的维修院也不得不停业。许多初代 Aibo 在长时间缺乏保养的情况下，也逐渐失去了"寿命"。那些喜爱 Aibo 的家庭，会在 Aibo 寿终正寝后，请寺院的大师为其祷告；还有许多人得知 Aibo 将要离去时，痛哭不已。

财政问题有所好转后，2017 年 11 月初，索尼公司出其不意地将秘密研发一年半的新一代 Aibo 推向市场，而且新一代 Aibo 也有一个全新的型号——Aibo ERS-1000。

从外观来看，新一代的 Aibo 宠物狗更加栩栩如生，更加活泼可爱，让那些爱智能狗的人狂欢不已。从技术角度来看，新一代 Aibo 无疑是当今人工智能"黑科技"的又一扛鼎之作。

Aibo 几乎全身都充满科技感，它的身体内部有各种丰富的传感器，如光学传感器、加速度传感器、亮度传感器及深度传感器等。这些传感器的设置非同小可，一个个传感器就像正常狗的身体内部的器官。同时，在赋予人工智能技术后，Aibo 能通过体内的各种传感器，准确识别出自己的主人。而且凭借大数据的输入，云计算能力的提升，Aibo 在与主人的互动过程中可以清晰地感知主人的情绪。

Aibo 的智能还体现在它会根据主人的性情，调整自己的性情。如果主人是一个性格温柔的姑娘，那么它就会摇身一变，成为一只"淑女狗"；如果主人是一个爱运动的人，那么它就会摇身一变，成为一只爱运动的"智能狗"；如果主人是一个爱讲话的人，那么它就会养成倾听的习惯，成为主人身边安静的"倾听狗"。总之，它会根据主人的性情打造属于自己独一无二的性格，成为独一无二的 Aibo。

此外，Aibo 还会主动把主人的个人习惯及个性信息传输到自己的云端大脑。这样，Aibo 就会拥有"永久"的记忆，它也会因此有和真实的宠物狗一样的"灵魂"。

从整体来看，Aibo 无疑是最智能的宠物狗。它不仅专注，而且极具热情。它会时常跟着你，与你互动。在房间里，无论你走到哪，它都会活蹦乱跳地跟到哪儿。而且它还有一个显著的优点，它不会闹腾，它永远不会把墙面、桌子弄得一团糟。它还会听从你的调遣。例如，如果你让它跳一支舞，它就会像正常的狗那样，双腿站立，然后在原地跳一支舞；如果你让它操作家电，它也会成功地完成操作。这样，它就会比智能音箱更受人们的喜爱。

对于 Aibo 的批量生产，很多业内人士认为，它无疑是人工智能消费市场的另类，却是一个比较好的另类产品。

2017 年，消费级人工智能市场注定不平凡。无论是智能音箱市场的百家争鸣，还是 iPhone X 的人脸识别，以及无人超市的逐渐到来，都代表了人工智能技术在功能性方面的长足进步。然而，过度关注人工智能产品的功能，忽视人工智能产品给人们带来的情感体验，则会使人工智能的发展偏向畸形。

第 5 章
智能+娱乐：开启未来新体验

新一代 Aibo 的批量生产，无疑是人工智能界的一股新鲜血液，会给人们快节奏的生活带来一丝欢愉，带来一份温馨。索尼公司虽然另行其道，在别人如火如荼地生产智能音箱时，推出一款智能狗，却为人工智能的发展提供了一个新的生产研究方向。

正是由于 Aibo 的问世，关于未来社会的人机交互，在业内也出现了明显的分歧。有人认为，我们应该大力生产功能性的人工智能产品，这样我们的生活才会更加便捷；也有人认为，我们应该生产更多情感型的人工智能产品，这样我们的生活才会更加温馨，更加有人情味。

不可否认，智能化是未来社会的大趋势。但在一个人工智能高度发达的时代，人类面对的必然是各式各样的冰冷机器吗？我想这应该不是我们的终极目标。我们去无人超市购物确实很方便，但是少了人与人之间的交流，人们不就会变得更加孤独吗？

时间是一个伟大的见证者，未来关于更美好的人工智能，时间必定会给我们满意的答案！

第 6 章

智能+教育：
开启教育领域新一轮角逐大战

十年树木，百年树人。教育在任何时候，对家庭的幸福、社会的进步、文明的演进都有着举足轻重的作用。

对于人工智能教育，特别是机器人教育，业内专家都有极高的期待。

在人工智能时代，社会需要的是创新能力强、科技水平高、人文素养高的综合型人才。教育机器人的研发应用，必然会使学生受益，使社会受益，必然会为智能化教育带来更加美好的未来。我们应以高昂的热情迎接全新的人工智能教育时代！

6.1 人工智能繁衍出六大新教育模式

每一个时代都会有属于自己时代的教育模式。

第6章
智能+教育：开启教育领域新一轮角逐大战

孔子践行"因材施教"，是一种难得的、古朴的、智慧的教育模式。从整体来看，封建社会的私塾教育是一种封闭的单向传递模式，先生讲，学生听；在"八股取士"的年代，单向传递模式更是达到了顶峰；在现代社会，教育模式逐渐由应试教育向素质教育过渡，教育模式也更加民主化、自由化、个性化，但发展仍然缓慢。

在人工智能时代，机器人教育应该隶属于素质教育，而且作为素质教育的科技支撑，也必然会为素质教育繁衍出六大新的教育模式，实现教育上的重大突破。

6.1.1 个性化学习，因材施教

提到教育，大家耳熟能详的教育思想就是有教无类与因材施教。在中国的教育思想中，这两个思想也是精髓思想。

可是回顾我们的历史，不难发现，要成为一个绝对优秀的老师不是很容易的事情。像孔子这样的圣人，在应试教育的大背景下，已经是可遇不可求的了。

再回顾我们的生活，回想我们小时候所接受的教育，不难发现，我们都是应试教育下的学生。我们只会应付考试，没有创新的想法。当谈到比较好的新发明、新产品时，我们想到的大多是外国产品。

我们的知识水平提高了，但是我们的思维力和创造力并没有提升。为了让孩子有一个更好的未来，较为富裕的家庭也都把孩子送

到私立学校念书,因为那里的老师水平也许会高一些。可是即使选择了较为优秀的老师,我们的孩子就一定能够成材吗?私立学校的学生也很多,老师的精力有限,未必都能够注意到,也未必能够一视同仁,也许未能达到家长所期待的结果。

人工智能元素的注入,将会逐渐解决这一困扰我们的难题。

从思维角度来看,老师擅长单向性、跳跃性的思考方式,一对一的教学更容易发挥老师的特长。人工智能机器擅长多向性的思考方式,能够为孩子列出更多的可能性,帮助孩子建立更科学的思维方式,能够更好地兼顾所有的孩子。

从精力角度来看,老师的精力是有限的,但是人工智能机器的精力是无限的,只要给它充上电,它就会有无限的精力。

人工智能的注入,无疑会使"因材施教"的理论得到更加完美的践行。通过充分发挥孩子的个性,达到个性化学习的目的。

所谓个性化学习,是指教育机器人能够主动探测出孩子的学习特点、学习方式及学习兴趣点。在此基础上,智能化地推荐一款适合孩子的学习策略。最终能够高效提升孩子的学习兴趣,使孩子取得非凡的学习效果。

在人工智能注入的情况下,为了使个性化学习达到最佳的效果,我们需要做到五点,如图6-1所示。

第6章
智能+教育：开启教育领域新一轮角逐大战

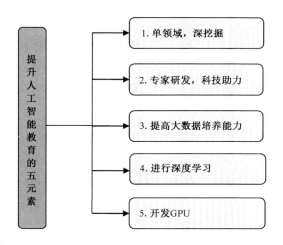

图 6-1　提升人工智能教育的五元素

第一，单领域，深挖掘。任何新方法的注入，都需要有一个良好的切入点，而不是面面俱到。如今，我们正处于弱人工智能时代，人工智能教育也应该先在单一信息领域取得突破。例如，我们的语音交互技术及智能优化技术已经取得了不错的成绩，所以我们目前在人工智能教育方面，也应该着重打造更加理性、语言理解能力更加强大的教育机器人。

第二，专家研发，科技助力。人工智能时代不同于移动互联网时代。在移动互联网时代，只要有两三个懂得程序设计的研究人员，就能做出一个 App。如果能够赶上风口，或者能够迅速占领市场，那么这款 App 就能迅速走红。

而人工智能产品的制作，就不是那么随意简单的事情了。人工智能产品的研发离不开专家和科技的助力。人工智能产品的研发需要更加专业的知识及强大的知识图谱和动态的学习能力，只有拥有这样的能力，我们才可以为用户设计出更加智能的人工智能产品。

在人工智能教育领域，国外典型的应用就是分级阅读平台。所谓分级阅读平台，就是根据学生的年龄，智能化地给他们推荐最适宜的学习内容及相关阅读材料，而且能够有效地将教学内容与阅读材料联系在一起。在推荐阅读后，会自带阅读检测题目，学生也可以由此作答。人工智能产品终端会将学生的作答情况上传到云端，这样老师就能够随时掌握学生的阅读进度和学习情况。

第三，提高大数据培养能力。大数据技术是人工智能发展的养料，人工智能教育的进步自然也离不开大数据的支撑。根据一家人工智能科研机构的深入分析，人类的学习方法大致有 70 种，而人工智能教育机器人的学习方法却有千万种。人工智能教育机器人的这项能力足以为个性化教学提供有力的支撑。

当然，培养大数据的能力也是一个循序渐进的过程。

我们首先要做的是用人工手段为机器进行数据标注，这样，机器便能够学习到相应的知识。其次要逐渐摆脱人工标注，让机器自动进行数据标注。大数据培养力强弱的一个重要参考标准就是机器自主标注数据能力的强弱。如果机器不能自主有效地进行大规模的数据标注，那么人工智能教育的发展也只是天方夜谭。最后要在自主标注数据的基础上，进行深度学习，从而提高人工智能教育的科学性及合理性。

第四,进行深度学习。深度学习能力的提升是一个技术活儿,需要相关计算机顶尖人才不断进行研发,需要在目前的卷积神经网络算法的基础上,取得突破。只有提升深度学习能力,云算法效率及智能力,才会给人工智能教育带来新的机遇。当然,这些也不可能是一蹴而就的,不仅需要科研人才的研发,更需要大量资金的投入。

第五,开发 GPU。GPU 就是图像处理器。GPU 是在 CPU(中央处理器)的基础上提出来的一个新概念,也是一个新的核心部件。GPU 的出现是时代发展的必然产物。随着大数据资源的大规模扩张,原有的 CPU 已经不能进行更加快捷高效的信息处理了。为了使计算机的处理能力更加强大,为了能够更智能地处理海量的数据,必须深入开发 GPU。

综上所述,与传统的老师教学相比,老师利用人工智能教育能够更好地实施个性化教学,能够做到因材施教。提高人工智能教育的能力,也必然离不开专家的研发、算法的提升。

6.1.2 改变教学环境,新型的模拟化和游戏化教学平台

寓教于乐是现代教育中的核心理念。教育的最佳目的是让孩子收获更多的快乐。传统的应试教育通过灌输的方式为孩子输入知识,孩子会觉得学习是一件苦差事,根本就提不起学习的兴趣,更不会有学习的乐趣。一些学习成绩较差的孩子甚至会抵触学习,觉

得学习是一种负担。这样，教育就无法达到最好的效果。

在移动互联网时代，教学环境相比于传统教学环境，已经有了很大的改观。我们目前基本上都是利用多媒体进行教学。电子白板也逐渐取代黑板，进入了教学领域。但是我们不难发现，这只是设备的变化，而不是教学方式的改变。

在人工智能时代，人工智能元素的注入，将会给我们的教育环境带来更大的改观，给我们的教学方式带来一场全新的变革。在人工智能时代，我们将会有新型的模拟化教学平台和游戏化教学平台，这些都会使我们的教学活动有更多的乐趣，使孩子有更大的积极性。

GSV Capital（全球硅谷投资公司）的联合创始人 Michael Moe 曾经对未来教育有过更加合理的设想。他提到，未来知识获取会有很多渠道，尽管旧的知识体系不会被取代，但它会因为一个人的知识组合包的形成而获得优化，这个知识组合包中包含他学过的内容，上过的课程，经历的事情，并且依赖于 LinkedIn 这样的数字网络。

其实，不难想象，在未来，教育就是要打造出一种参与感、娱乐感，让更多的学生有学习的热情，这样才能最终提高教育的质量、提升学习的价值。

关于模拟化教学，目前世界上已经有许多不错的模拟化教学平台。所谓模拟化教学平台，就是将虚拟现实、机器学习等技术在教学领域进行深入挖掘，从而打造出一个人性化、智能化的平台。

谈到模拟化教学平台，我们不得不提 Knewton，它绝对是模拟化教学的佼佼者。Knewton 首先是一个在线教育平台，于 2008 年在纽约成立，至今已有 10 多年的历史。

它的核心教育技能就是为各种用户提供个性化的学习内容推荐。这一教育平台的覆盖面极为广泛，不仅包括 K12 教育，还包括职业发展教育及更高等的教育。

关于 Knewton 的智能程度，我们可以从 3 个角度来理解，如图 6-2 所示。

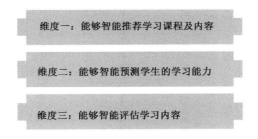

图 6-2　Knewton 的智能三维度

维度一：能够智能推荐学习课程及内容。这一平台的系统会根据学生的相关学习数据及学习习惯，进行全面分析，从而为他们智能推荐下一阶段的学习内容。

维度二：能够智能预测学生的学习能力。与传统的教辅资料出版商不同，Knewton 智能化平台能够预测学生未来的学习力。通过传统的教辅资料的学习，学生只能回答问题，知道回答的对错，这是一种比较封闭的测试体系。而 Knewton 会根据你目前的学习特点和学习能力，对你未来的学习能力进行深入的分析。例如，某一个学生此次测验的成绩是 80 分，该平台会全面地分析他的答题特点，并给出合理的建议，根据它的建议，学生的成绩日后就会提升不少。这样，学生就会有更强的学习动力。

维度三：能够智能评估学习内容。目前，我们的课程质量评估体系还比较封闭。我们的教学内容基本上都是按照课标要求进行的，评估体系也不是很健全。Knewton 智能化平台能够基于学生的理解力及时代特点，对课程质量进行全面科学的评估。在此基础上，制订更加合理的学习策略。

McGraw-Hill 公司是一家全球著名的信息服务公司，成立于 19 世纪中期。如今，该公司已经开设了众多分公司，目前的主要业务是金融服务、商业信息服务和教育服务。

McGraw-Hill 旗下的教育公司也正在开发新的人工智能教育平台，打造全新的智能化数字教学平台。他们的准备过程很充分，他们从 200 万名学生中广泛收集数据，在此基础上，利用人工智能技术为每个学生提供个性化的学习服务。这一新的人工智能教育平台，在超强的云计算的支撑下，能知道学生更容易接受什么样的学习方式，尽量做到因材施教。

所谓游戏化教学平台，就是打造一个更加有趣的教学平台。在这一平台中，学生可以愉悦地获取各种各样的知识，再也不会觉得学习是一份苦差事，反而会觉得学习是一件轻松有趣的事情。

在传统教育下，有个性、有趣的老师是为数不多的稀缺资源。大多数老师都是按照教学大纲，亦步亦趋地为学生进行知识的传授。这样会显得古板，有时学生也会感到学习枯燥无味。

在人工智能元素注入后，教育机器人能够集中大量优秀教师的优点。把课程内容讲得更加有趣、诙谐，而且互动性极强，学生可以积极向教育机器人提问。这样，课堂氛围就会很活跃，学生的学习兴趣就会很高。如此良性循环，对学生未来的发展也必定是好事。

综上所述，人工智能的发展必然会带来传统教育的变革。通过搭造新型的模拟化和游戏化教学平台，人工智能会逐渐改变原有的教学环境，学生也会获益匪浅。

6.1.3　自动化辅导与答疑，为老师减负增效

在传统教育下，老师由于精力有限，只能对少量学生进行有针对性的辅导。老师主动辅导的对象都是优秀学生和成绩较差的学生。通过培优补差，提升班级的荣誉感。这样做有一个弊端，就是那些水平处于中游的学生会因为得不到老师的关注而产生自卑的情绪，这就不太符合教学公平的理念。

然而，随着人工智能时代的到来，这一难题也将会得到有效的解决。人工智能技术的应用，将使教学机器人拥有人的能力。教学

机器人可以对学生进行自动化的教导与答疑，能够有效为老师减轻教学负担，又能够有效提升学生的学习能力。

其实，人工智能在教学应用领域，可以为我们的教学改革带来重大的影响。具体可以从以下4个角度来阐释：

（1）人工智能技术能够有效采集数据，使我们的教学方式由数字化向数据化方向转变。

（2）人工智能技术能够使老师从简单重复的工作中解脱出来，从事更富有创造性的教学活动。考试试卷的阅卷及评测都可以通过智能教育机器人来完成，这样就能使老师增加效率，减轻负担。

（3）人工智能技术的应用能够提升教学的互动性。不仅使师生之间的互动性大大提升，学生与学生之间的互动性也将提升。通过全方位、全面的互动，人工智能能及时准确地发现教学活动中存在的问题，最终可以有效提升课堂的效率，提升学生的学习趣味。

（4）人工智能技术的应用能够有效提升教学管理的大数据决策力。通过大数据进行教学管理的相关决策，增加决策的科学性，从而实现更加科学化、民主化、自由化的教育。

同时，人工智能技术也处于不断升级发展的过程中。人工智能技术的进一步提升，将会有效提升机器人翻译的精确性、智能阅卷的速率及机器语言理解的能力。如果人工智能的这些能力得到有效提升，那么人工智能教育也将会有更美好的前景。

科大讯飞的人工智能技术在教育领域有着很好的成绩，而且多次在国际性教育比赛中获得好成绩。目前，科大讯飞在智能阅卷能力上已经有了很大的突破，特别是在主观题的阅卷能力上，有着不俗的成绩。例如，在进行英语作文阅卷时，科大讯飞的智能阅卷水平极高，智能阅卷机的评分与阅卷老师的评分的一致率平均达到92%。

综上所述，逐步成熟的人工智能技术将会为老师减轻负担、增加效率，将会为智慧教育创造出更美好的未来。

6.1.4　利用高科技，智能测评

在传统教育时代，莘莘学子必然都有一个这样的记忆：夜已经深了，天也逐渐转凉，但老师为了我们仍然在挑灯批改作业。

这是一种深厚的师生情谊。然而批改作业也为老师带来了巨大的工作压力，总是在批改作业会使老师备课的时间大大减少。即使是一个优秀的老师，如果课件的内容不跟上时代的潮流，也将不能够满足新生代学生的学习需求。

所以，人工批改作业在现代社会是一种费时费力的工作，对于更加高效的课堂学习不会带来明显的益处。

人工智能的发展将会提升机器的智能测评能力，使老师从批改作业中解脱出来，从事更具有创造力的教学活动，可谓一举两得。

随着信息技术的蓬勃发展，大数据技术、语音交互技术及语义识别能力得到提升。在教育领域，这些技术的提升将会使规模化的智能测评走向现实，也会使人工智能教育不断进行商业落地开发。

在人工智能教育全面来临的时代，我们可以想象这样一个场景：当学生在查询自己的考试成绩时，他看到的不再是一个分数，而是一个综合的智能测评。通过这份智能测评，学生不仅可以了解自己对知识的宏观掌握能力，还能够清楚地了解自己的优势及存在的学科短板。这样的智能测评相当于为学生的学习能力进行了一次科学的"素描"。学生能够根据智能测评，迅速查漏补缺，找到最合适的办法，提高成绩。

与其说这是想象中的场景，不如说这样的场景已经逐渐开始成为现实。世界上许多先进的科技公司都在进行教育智能测评的商业落地。例如，国内的科大讯飞及国外的 GradeScope 和 ETS（美国教育考试服务中心，也是世界上最大的私营非营利教育考试及评估机构）。

在国内，科大讯飞无疑站在人工智能发展的风口浪尖。在人工智能领域，科大讯飞的语音交互技术和语义识别技术一直都处于领先水平。同时，科大讯飞在机器翻译、智能测评领域也有着非凡的成就。

科大讯飞董事长刘庆峰说："科大讯飞的英语口语自动测评、手写文字识别、机器翻译、作文自动评阅技术等已通过教育部鉴定并应用于全国多个省市的高考、中考、学业水平的口语和作文自动阅卷中。

由此可见，科大讯飞的智能测评能力强，应用范围广，商业落地前景好。

在国外，也有许多智能测评公司及相关的智能测评案例。

GradeScope 就是一个典型的人工智能作业批改工具。GradeScope 创建于 2012 年，起初是加州伯克利大学生产的一个边缘性的批改作业的产品。它的目的很明确，就是要进一步简化作业批改的流程，让老师有更多的精力进行教学反馈活动，使课堂效率更高。

GradeScope 本来是为高等教育研发的产品，如今，一些小学、初中、高中也开始使用它批改作业，使教学变得更加轻松、高效。

另外，美国的 ETS 也已经成功地将人工智能引入 SAT 和 GRE 论文的批改工作中。这些人工智能工具同人类一样，也能够合理地进行试卷的分析及批改。

在人工智能时代，我们借助大数据优势，通过对学生的学习数据进行综合分析，可以提高教学的科学性。同时，智能测评技术的研发和相关工具的应用，将会使老师的批改更高效，讲解更具有针对性，还能帮助学生对症下药，使学生进步更快，学习兴趣更浓。

6.1.5　利用人工智能算法，降低教育决策失误率

各行各业都十分关注人工智能的发展，教育行业也不例外。不论是新东方等教育公司，还是其他上市的教育公司都把目光放在人工智能的发展上。"人工智能+教育"已经成了业内人士的共识。

人工智能在 K12 教育层面是极为活跃的。各种教育机器人层出不穷，丰富了学生的学习生活。如今，人工智能也逐渐被用到高考填报志愿的环节中。

谈起高考报志愿，这无疑是令中国学生头疼的问题。在志愿填报环节，凡是有过高考经历的学子，都曾感到焦虑与迷惑。权威调查报告显示，70%的学生后悔自己当年所选的专业。

专业不对口，原因有很多。

一是自己在选择专业时没有主见，完全听取父母的意见或者朋友的意见。然而，他们的观念不太容易与时代接轨。

二是一味地报考当下热门的专业，而自己却对这一专业不感兴趣，只是为了将来有一份好工作。这样，其实是一种不好的选择。另外，当下热门的专业也未必是永久热门的专业。例如，环境保护相关专业，在我们重点保护生态环境之前，一直是冷门专业，如今，这个专业逐渐受到社会的重视。关于电子商务专业，随着互联网经济的崛起，也由冷门专业变为热门专业。

第 6 章
智能+教育：开启教育领域新一轮角逐大战

三是对未来的发展没有进行科学的预估，所以专业的选择会存在一些偏差。

在人工智能时代，我们将不会再有这么多的疑惑，高考报志愿也不会再陷入"选择困难"的旋涡。现在海量的数据资源，为我们的专业选填提供了决策基础；同时，人工智能云计算能力的提升，能够有效结合学生的学习特点、性格特点及未来社会发展的走向，为学生进行智能化的专业推荐，这样就便于他们找到最适合自己的专业和院校。

在高考填报志愿环节，iPIN 无疑成为学生决策时的"军师"。

iPIN 从成立之日起，就稳扎稳打，有条不紊地向智能教育决策领域进军。如今，在行业内也是风生水起。

当谈到 iPIN 时，其创始人兼 CEO 杨洋说，一切都是提前有谋篇布局的，而并非打无准备之战。

在创业初期，iPIN 之所以选择高考志愿填报为切入点，是因为这对于学生而言是一个重要的人生转折点。如果我们的产品能够为学生提供科学的决策，让他们少走弯路，那么对我们来讲，也是一件很自豪的事情。

iPIN 曾和新东方进行合作，发布了三款人工智能机器人。其中，比较著名的就是高考志愿机器人。高考志愿机器人会测录取率，之后会对学生进行自我测评，最后会给出智能匹配方案。在高考志愿机器人的指导下，学生就可以轻松进行志愿决策，降低决策的失误率。

在谈到高考志愿机器人的工作原理时，杨洋说："我们帮助高考生填报志愿的方法是让机器学习上亿人的成长轨迹，学会人类职业成长的模式。然后用这些轨迹去指导毕业生规划人生，找到里面的捷径。其中涉及的数据有各省政策、招生计划、录取数据、职业测评体系、就业情况、男女比例等。做了三年之后，用户质量和口碑都做到了市场第一。"

借助人工智能的超强计算能力，高考志愿机器人成功帮助诸多学子解决了心中的迷惑，降低了决策的失误率。

综上所述，在高考填报志愿领域，借助人工智能的力量，学生将减少疑虑，能够更加明智地选择自己的未来之路。

6.1.6 幼儿早教机器人，为早教开辟新思路

随着物质水平的提升，人们对精神生活有了更高的要求。人们希望能够过得更加舒适、更加有娱乐感、更加有文化感。

如今，父母更是十分关注孩子的教育，希望孩子能够有一个美好的未来。

现在有一些很普遍的说法，如"教育要从娃娃抓起""孩子的教育不能输在起跑线上"等，于是早教逐渐火热。

可是早教创业人员也有诸多困惑：如何更好地与孩子进行沟通交流？如何更好地让他们在玩耍的时候收获知识？如何使家长少

第 6 章
智能+教育：开启教育领域新一轮角逐大战

花冤枉钱？如何才能最大限度地实现产品变现，最终盈利？

总之，创业初期，人们总是感觉迷茫、困惑。

在移动互联网时代，许多业内人士都认为未来的早教在于移动化和智能化的发展，于是许多早教机构都想尽办法买进高质量的智能产品。但行业内不可避免地存在鱼龙混杂的现象。有的早教机构发展得越来越好，有些早教机构却无人问津，甚至有些早教机构存在诸多教育隐患，受世人指责。

在人工智能时代，早教行业的门槛无疑将会继续增高。早教机器人的门槛不仅仅在技术上，还在内容的生产及交互的方式上。

对于早教机器人未来的发展，EZ Robotics 的创始人张涛有着独到的见解。他曾经提到，早教机器人在技术上具体涉及语音交互、机器人的动作和肢体语言交互等。拿语音交互为例，科大讯飞通用语义交流方案的场景往往是比较固定的，直接拿语音技术与孩子交流肯定不行。比如，孩子喜欢聊小动物，科大讯飞肯定不会在小动物特定语义下做很深入的技术。创业公司只能把它的语音 SDK 拿过来再做二次深度开发，而肢体动作与机器人的自动控制相关，这个目前只能由创业公司自己做。

由此可知，一般的语音交互技术不能很好地适用于低龄儿童。我们需要做的是进一步对低龄儿童的语音及肢体动作进行深入研究，开发出更加智能的早教机器人，让它理解低龄儿童的各种语言，从而进行更加有效的交流互动。

那么应该如何另辟蹊径，为早教机器人的发展注入新的活力呢？

其实，最核心的目标还是要提高大数据收集能力，收集更多的适合低龄儿童交流的信息。只有早教机器人有足够的数据信息作为支撑，它才能够理解儿童的基本需求。同时，在此基础上，进一步提高云计算的能力。

例如，当低龄儿童打哈欠时，早教机器人就能感知孩子困了，就可以立即为孩子放一些安静的歌谣，这样就能够迅速让他们进入睡眠状态。在睡觉时，孩子得到了休息，而且音乐感也能得到提升。

另外，早教机器人也要有很多动物的叫声，以满足低龄儿童的信息交流和娱乐需求。低龄儿童虽然不会讲话，但是他的眼睛在不断地观察，大脑也在不停地思考。例如，当儿童初次接触狗时，他可能不知道那是什么物种，只是觉得它是一个很有趣、很调皮的东西，于是就不断将注意力放在狗身上。而被输入狗叫声的早教机器人在发现孩子注视小狗时，会主动发出狗的叫声，那么孩子就会感觉自己被理解了，就会手舞足蹈，就会感觉很快乐。这样，低龄儿童就能够健康活泼地成长了。

综上所述，早教机器人的发展还是有比较广阔的市场前景的，但是目前早教机器人市场中的产品有好有坏，另外存在同质化的现象。对于这样的现象，商家应该与科研界强强联合，打造出适应低龄儿童的早教机器人，从而取得更好的发展。

6.2 人工智能与教育场景相结合

人工智能为教育赋能，市场前景将无限广阔。但人工智能的赋能必须与教育场景相结合，我们要找到具体的结合方法，否则一切都是空谈。

人工智能与教育场景相结合的方法，大致有 5 种，分别是与语音识别技术相结合，提高课堂效率；与图像识别技术相结合，检测学习的专注度；与自然语言技术相结合，帮助老师测评；与制作知识图谱相结合，制订学习计划；与数据挖掘技术相结合，分析学生优缺点。

6.2.1 语音识别技术，提高课堂效率

人工智能专家李飞飞曾经这样描述人工智能："人工智能的历史时刻就是走出实验室，进入产业应用"。

如果人工智能技术一直停留在科技的"象牙塔"中，不被应用，

那么就不会有任何价值。2019 年，语音识别技术、增强现实技术（AR）及人脸识别技术都取得了非凡的成就，可谓是大爆发、大发展的一年。

其中，语音识别技术的应用是极其广泛的。无论是智能手机的语音搜索功能，还是智能音箱的智能家居管理功能，都得到了长足的发展和不错的应用。

在教育领域，语音识别技术也将会有更大的突破。其中，语音识别技术的不断发展，使语言转化为文字成为可能。在教学领域，老师的讲解话语可以自动被识别，转化成对应的话语。老师不需要再借助粉笔或白板笔等较为传统的工具进行书写，这就大大提高了讲课的效率。这样，老师就可以讲解更多、更有趣的知识，学生也会获得更丰富、更有趣的知识。

科大讯飞一直致力于语音识别技术的研发与创新，他们的技术已经实现了多重领域的突破，语音识别能力与语义理解能力已经大大提高。例如，他们的语音识别技术在情感层面、节奏停顿层面及耐听性层面都实现了巨大的突破。声音听起来十分自然，与人声极其接近，这就为语音教学及语音测试等教学活动提供了强大的技术支撑。

具体来讲，语音识别技术在教学层面有两个强大的效果，如图 6-3 所示。

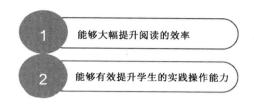

图 6-3 教学领域语音识别技术的双重效果

第一,能够大幅提升阅读的效率。把人工智能科技融入语言教育中,通过强大的语音识别和智能的语义分析,能够使学生的阅读能力大幅提升。

该语音系统采取分级阅读的措施,给人工智能机器及算法制定严苛的标准,对学生及阅读素材制定严格的等级,这样,学生的阅读就会更具科学性,使学生能够更快地完成阅读。

第二,能够有效提升学生的实践操作能力。把语音识别技术融入自然实践中,可以为学生的学习提供具体的操作步骤。在一些理科类的学科中,有着明显的效果。语音系统可以智能地为学生讲解实验的操作步骤,学生可以根据指示完成相应的操作。一方面,这提高了学生的动手操作能力,另一方面,这也加深了学生对实验内容的理解,提升了学习力,可谓一举两得。

综上所述,语音识别技术在教学领域会有独特的效果。它不仅可以将语言转化为文字,提升学习效率,还可以提升学生的阅读能力及实践操作能力,这些能力对于学生的发展是大有裨益的。

6.2.2　图像识别技术，检测学习专注度

图像识别技术作为人工智能发展的新产物受到举世瞩目。从亚马逊的无人超市到苹果公司的人脸识别解锁手机屏，人脸识别总是能够给我们带来惊艳的效果。

图像识别技术能否应用到教育领域呢？它又能够给我们的教学带来什么样的效果呢？众多教育机构都在不断进行新的尝试。

好未来教育率先将图像识别技术应用于教学领域，取得了很好的成效。例如，在以"砥砺奋进的五年"为主题的成就展中，好未来凭借"魔镜系统"，引无数人围观。

童话故事中，有一个恶毒的皇后，她有一面神奇的镜子。她只要对魔镜说："魔镜魔镜，告诉我，谁是世界上最漂亮的女人"，魔镜就会告诉她相应的答案。

好未来的"魔镜系统"也有着类似的效果。在好未来教育，老师如果向"魔镜系统"提问："魔镜魔镜，告诉我，谁是我们班里学习最认真的孩子"，"魔镜系统"就会把最认真的学生挑选出来，而且会把全班同学的专注程度按照由高到低的顺序展示出来。

如此神奇的"黑科技"，自然离不开人工智能的协助。

"魔镜系统"基于人工智能"黑科技"，能够通过超清晰的摄像头捕捉到学生上课的一举一动。例如，它能够捕捉到孩子的任何

一个细节,任何一个表情。这一系统不仅能够捕捉到状态及情绪,而且能够通过数据的积累,生成属于每一个学生的、个性化的学习报告。

通过这份学习报告,老师能够随时掌握课堂的整个动态,从而根据状况及时调整教学的方式和节奏。同时,老师又能够给予每一个学生充分的关注,从而理解每一个学生的学习特点,这样在进行一对一辅导的时候,就会更加有针对性。学生的学习热情高涨,学习效率自然而然也有所提升,从而达到教育的个性化和人性化。

"魔镜系统"的功能当然不止于此。它能够根据学生的上课情况,判断出学生对知识的理解程度,然后再智能化地为学生布置相应的作业,这样就很符合"因材施教"的教育理念。通过差异化的作业布置,学生的学习成绩自然也会节节攀升。

"魔镜系统"最重要的一点是尊重学生的隐私,充分展现教育的人性化特点,所有的"魔镜系统"都低调地隐藏在各个场景背后。"魔镜系统"就相当于潜伏在教室角落里的一名侦探,在暗地里观察学生的举动。这样做的好处是,并不会改变学生以前的学习习惯,不会让他们置身于高科技的镜头下,感到紧张和不知所措。

综上所述,把图像识别技术应用于教学领域,必将会开启奇妙的教学之旅。虽然目前仍然在试点,只有少数教育机构有这样的技术,但是在不远的将来,这项技术一定会在普通的校园里落地,更多的学生将会享受到人工智能带来的好处。

6.2.3 自然语言技术，帮助老师测评

自然语言技术（NPL）是人工智能领域一项比较核心的技术，这项技术比普通的语音识别技术需要更多的算法支撑。如果自然语言技术应用于教育领域，会产生怎样的智能火花呢？朗鹰教育的自然语言技术在教育层面的应用将会给我们带来别样的答案。

朗鹰教育是一家人工智能科技公司，一直专注于自然语言技术和机器学习技术。从成立以来，公司就把目标人群锁定在K12阶段的学生，为他们提供互联网英语教学的即时测评服务，最终提高他们的英语成绩及英语口语水平。

在传统英语教学中，学生的答题能力强，但是听力差，口语水平更差，仅仅局限于"纸上谈英语"。另外，一些学生由于英语成绩差，在中高考中失利，使他们丧失进取心，甚至辍学。总之，在应试教育的系统下，大多数学生都不会认为学习英语是一件快乐的事情。

对于传统英语教学中存在的种种弊端，朗鹰教育的CEO施丹有着比较深入的理解。她在一次访谈中提到，大部分英语老师在批改作文时总是心不在焉。他们不会逐字逐句地去斟酌用词及语法，而是随手给一个分数。比较认真的老师会给学生的优秀句子做一些显眼的标注，例如，画波浪线等。只有自己有空的时候或心情好的时候，老师才把好学生单独叫过来，进行辅导。另外，在应试教育

下，只有极少数老师能够对学生的英语作文进行全面细致的审查。

面对种种不利于英语进步的现象，施丹认为，为英语教学注入人工智能元素，将会有很好的效果，而且她始终对人工智能在英语教学领域的应用，保持着乐观的态度。

她指出："人工智能正在将老师从简单重复的工作中解放出来，让他们去思考对教育学生来说价值更高、更有意义的事情。"

与此同时，她还提出了一些独到的见解。

她认为，朗鹰教育能够提供海量的真题供考生练习，真题全部由外教录制，人工智能语音识别和语义分析技术帮助考生智能纠音，考生还可以上传自己的答案，进行一对一点评。

这种智能测评系统能否很快地提升学生的英语成绩，能否提高学生学习英语的兴趣就成了家长和学生最关心的话题。

对于大家的疑虑，朗鹰教育也给出了明确的回复。如今，朗鹰旗下有一款名为"有氧英语"的智能应用系统。

该智能应用系统是为K12阶段学生量身打造的，集英语考试、测评、教学于一身。

它同时包含3个子系统，分别是写作自评价系统、自适应分级阅读系统、有氧说霸系统。

关于有氧说霸系统，它的独特性在于包含3个系列，分别是语音提升、场景会话和思想碰撞。这样，学生就可以做到边学、边练、边说，口语水平就会突飞猛进。同时，利用人工智能技术，它能够对学生的学习做出科学的评价，而且涉及听说读写全过程。这样就能帮助老师更好地测评，学生的学习成绩自然也会大幅提高。

综上所述，随着人工智能的发展，强大的自然语言技术在教育领域的应用，必然能够帮助老师进行测评工作，给老师减负增效。最终提升教学的质量，使师生双方受益。

6.2.4 制作知识图谱，制订学习计划

人工智能已经渗透到生活、工作的方方面面，如果我们不提高自己的能力，制订相应的学习计划，那么终将被时代淘汰出局。

制订学习计划的方法有很多，制作知识图谱就是一个很有效的方法。在过去，在知识传播、信息传播不是很迅速的年代，我们通过自建的知识图谱，就能很快地掌握一门较为封闭的知识。可是随着全球化的深入，知识经济时代的来临，仅凭个人的脑力去建立一个完善的知识图谱就很不容易了。

在现代，知识图谱的构建者不是人类，而是有超强运算能力的计算机。知识图谱在本质上是一个关系链，是把两个或多个孤单的数据联系在一起，最终形成一个数据的关系链。当然，在构建过程中，会用到很多算法，如神经网络算法、深度学习等。

一般来讲，知识图谱可以分为两种，如图6-4所示。

第 6 章
智能+教育：开启教育领域新一轮角逐大战

图 6-4　知识图谱的两种类型

知识图谱的构建越全越好。一个优秀的知识图谱必然包含优秀的常识性知识，同时，又涉及逻辑丰富的、有深度的专业性知识。这样的构建相当于有理有据的议论文，有利于机器对知识图谱的理解，从而最终理解用户的需求。只有把我们的自然语言映射到相关的知识图谱上，机器才能够理解我们的话语，执行相应的命令。例如，你对着智能手机的语音系统说"给我设置一个闹钟"，它就会直接进行相应的操作。这些都是知识图谱构建后的结果。

由此可见，知识图谱的构建对于机器学习十分重要。然而，知识图谱的构建还处于初级阶段。目前，人工智能只能做到简单理解，在推理及决策能力上，还有很多不足。当然，这也意味着它有更广阔的发展空间。

如今，只有用人工智能为知识图谱赋能，机器才能更好地理解我们的世界。同时，强大的人工智能产品的问世也会让我们的生活因科技而更加精彩。

在教育领域，制作知识图谱必然会为学生带来更加体系化、多元化的知识，学生的眼界才能够跟得上时代的潮流，做到与时俱进。

学生根据知识图谱的智能推荐，可以有效地制订自己的学习计划，这样他们才会觉得时间被有效利用，而不是虚度光阴，也有一种学习的充实感和生活的愉悦感。

那么，在人工智能时代，如何构建知识图谱呢？我们需要遵循3个步骤，如图6-5所示。

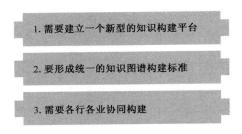

图 6-5　构建知识图谱的三部曲

第一，需要建立一个新型的知识构建平台。这个新型的知识构建平台其实就是一个全新的知识生态系统。在这个平台上，大家都能根据自己的知识，为知识图谱添枝加叶。无论你提供的是常识性的知识，还是专业性的知识，最终汇集起来的力量必然是巨大的。

第二，要形成统一的知识图谱构建标准。任何事情的发展都讲究规矩。"无规矩不成方圆"，只有建立了统一的构建标准，知识图谱的构建才会又好又快。

第三，需要各行各业协同构建。当下是共享经济时代，只有懂得分享合作，才能共赢。知识图谱的构建在本质上也不是难事，是需要各行各业的人士共同出谋划策才能完成的。如果大家都乐于分享知识，那么知识图谱必然也会越建越宏伟。

综上所述，知识图谱的完善是人工智能发展的一个关键要素。我们需要协同各方力量共同构建知识图谱，使其为我们的教育事业服务。

6.2.5 数据挖掘技术，分析学生优缺点

人工智能发展的核心要素有两个，分别是大数据和算法技术。随着技术的提升，云计算几乎成了一种生产力。只要拥有核心技术人员的团队，基本在技术上不会存在太大的问题。如今，大数据资源的完善与否才是行业发展好坏的关键壁垒。

在教育领域，同样如此。只有拥有契合使用场景的数据，我们才能够通过云计算进行深度挖掘，才能分析出学生的优缺点，从而为学生提供更加适宜的方法。

智能化的教育教学离不开精准有效的大数据的支撑。精准有效的大数据有3个显著优点，如图6-6所示。

第一，提供个性化问题讲解。利用精准的大数据，老师可以针对学生的特点进行个性化教学，可以更高效地进行培优补差的工作，最终实现精准化、智能化教学。

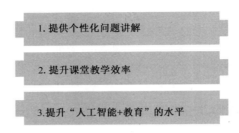

图 6-6　精准有效的大数据的 3 个显著优点

第二，提升课堂教学效率。精准的大数据资源能够为老师的备课提供科学的依据，从而使备课有方、上课有序，使学生的学习效果更好。

第三，提升"人工智能+教育"的水平。在精准的数据应用中，会不断地进行数据的迭代，从而不断产生新的、更具体的数据信息。如此良性循环，我们的智能化水平会更高，最终将不断提升"人工智能+教育"的水平。

然而，我们不得不承认，目前，人工智能在大数据领域还存在很多问题，无法达到最佳的效果。

大数据存在问题的原因有如下两个：

（1）大多数产品的大数据基数不足，导致分析结果不理想。

（2）一些企业存在虚假宣传的现象，数据造假。

另外，很多教育机构不能在现有的数据分析的基础上生产更高质量的产品。同时，优质内容的缺失无疑会导致产品的同质化。

那么，既然存在这么多问题，在教育领域，我们该如何谋求产品的智能化呢？

第一，必须切入教育的痛点之中，挖掘更加真实的数据，从而解决学生的问题。

第二，要在精准数据的基础上，提高课堂效率，实现教育的智能化。

综上所述，在人工智能助力教育的进程中，教育类企业要对大数据信息进行深度挖掘，分析学生的优缺点，从而培优补差，给学生带来更好的教育。

6.3 案例：Abilix 教育机器人

在人工智能时代，教育机器人正在成为新兴的教育方式，富含科技感。教育机器人也逐渐出现在大众的视野中，成为时代的宠儿。

总体来讲，教育机器人融合了众多先进技术。例如，机械技术、电子技术、遥感技术、计算机编程技术及人工智能等。学生可以通过搭建、组装及运行机器人，来感知这些技术。整个操作过程充满浓烈的科技感，能激发孩子的学习兴趣与热情，培养他们的综合实践能力及思考能力。这些都有助于孩子综合科技素质的提升及更全面的发展。

对于教育机器人的发展前景，许多专业人士都持有乐观的态度。

教育机器人学的创始人恽为民博士也有着乐观的态度。1996年，恽为民第一次在国际上提出了教育机器人的概念。同时，他也践行了自己的理念，创建了世界上第一个教育机器人品牌——Abilix（能力风暴）。

恽为民认为，教育机器人是训练成功能力的最佳平台，是培养科技素养的最佳平台，也是青少年最喜欢的玩伴。

在长达 23 年的时间里，恽为民始终不忘初心，践行自己的理念。他的团队一直为生产出质量最好、智能化程度最高的教育类机器人而不懈努力。经过数十载的辛勤耕耘，他们终于有了丰硕的成果。目前，他们已经与多家学校合作，并在学校建立了教育机器人实验室。在实验室里，孩子能够与机器人充分接触，学习大量的科技知识，从而提高他们的动手实践能力及其他综合能力。现在，他们也在大力推出面向家庭的教育机器人产品。

在人工智能时代，我们必须承认，与计算机的普及、互联网的普及一样，机器人走进校园、走向家庭已经成为大趋势。同时，教育机器人也必然会带来教育的全新改革。在这一技术的引导下，中小学的科技课程必然会有更多的乐趣，孩子也逐渐会由被动学习变为主动学习和基于乐趣的学习。最终，在教育机器人的潜移默化的影响下，孩子的综合能力和信息素养必定会有所提高。

综上所述，人工智能的浪潮已经席卷全球，教育机器人也必将如火如荼地展开。在人工智能时代，社会需要的是创新能力强、科技水平高、人文素养高的综合型人才。教育机器人的研发与应用，必然会使学生受益，使社会受益，我们应以高昂的热情迎接全新的人工智能教育时代。

第7章

智能+医疗：革新医疗行业，使人工智能成为爆发点

随着人工智能的发展，智能产品也不再是科幻般的存在，而是逐渐与我们的生活息息相关。

在智能化的今天，人工智能在大数据领域及云计算的能力上具有先天优势，已经带动了医疗事业的迅猛发展。例如，人工智能已经在医学影像诊断、药物研究及辅助医生诊疗方面取得了进步。可想而知，人工智能与医疗的结合，必然会革新医疗行业，成为新时代人工智能的爆发点。

7.1 医疗落地三大类型

"看病难、看病贵"是百姓一直关心的话题。随着医保政策的

第 7 章
智能+医疗：革新医疗行业，使人工智能成为爆发点

扶持，人们也逐渐能看得起病了。可是在就医方面，还存在一些问题。例如，从病人角度讲，仍存在挂号难、排长队、审查结果反馈慢、效率低等问题。从医生角度讲，还存在新药物研发的周期长、医疗器械的精准性低等问题。

人工智能在逐渐与医疗相结合。针对人工智能医疗的商业落地问题，我们应该遵循三步走的落地策略。第一步，以接入产品落地为落脚点；第二步，以打造商业落地模式为发展点；第三步，以盈利能力落地为核心点。

7.1.1 接入产品落地

人工智能若要在医疗领域落地，首先必须打造出全新的人工智能医疗产品。打造人工智能医疗产品的一个核心标准就是产品能够有效地协助医生。目前，在医疗领域落地的人工智能产品也逐渐丰富起来，如医疗机器人、智能药物研发类产品及智能影像识别类产品等。

人工智能医疗产品落地需要两个必要条件。

第一个条件是人工智能医疗产品必须能够解决人们的真实需求，如真实的需求场景、需求者的刚性强度等。只有能够真正解决人们的刚性需求，产品的落地才会有市场发展前景。

第二个条件是人工智能技术的强度及可操作程度。如果人工智能技术只停留在科研层面，技术强度较弱，尚不具备开发的可能性，那么人工智能医疗产品的落地也将是很困难的。此外，还需要综合考虑技术的可靠性、稳健性及可提升性。

提到人工智能医疗产品的商业落地，就不得不提最适宜落地的三类产品，如图 7-1 所示。

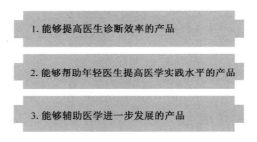

图 7-1　最适宜落地的三类人工智能医疗产品

产品 1：能够提高医生诊断效率的产品。在就医体验中，最让人们心烦的就是拖着沉重的病体，进行漫长的等待。虽然说看病需要花时间，但是，如果医生不提高工作效率，让病人进行漫长的等待，对病人也是一种折磨。如果一项人工智能医疗产品能够提高医生的诊断效率及准确性，必然会大受欢迎。

产品 2：能够帮助年轻医生提高医学实践水平的产品。我们在就医的时候，十分关心医生的治病能力。在中医治病中，我们更希望"老中医"给我们治病，因为他们的经验丰富，治病效果好。可是年龄大的医生一般精力有限，不能每天出诊。一般在医院中，能够长时间挂号问诊的都是年轻医生。可是有些年轻医生的实践经验不丰富，有可能会出现误诊等问题。如果一类人工智能医疗产品能够帮助年轻医生提高医学实践水平，那么必然会大受欢迎。

产品 3：能够辅助医学进一步发展的产品。例如，智能药物研发类产品、医学影像识别类产品等。这些都能够帮助医生进行更高效、更智能化的诊断。

让人工智能医疗产品落地，必须有适宜落地的场景，必须拥有更加成熟的人工智能技术，必须能够满足患者的刚需，三者缺一不可。

7.1.2　商业模式落地

无论是何种企业，在创业初期总是存在众多难题，商业模式的选择也是重要的一项。在人工智能时代，在人工智能医疗领域进行商业模式的选择也是一个难题。

目前，直接面向 C 端（用户端）的商业模式不太好确立，因为初创团队没有大数据作为支撑。另外，C 端领域也早已经被 BAT 牢牢掌握。与 TO C 端商业模式相比，TO B 端（商户端）业务更容易开发，也更有开发的价值。从实际情况来看，很多人工智能医疗初创团队也都率先从 B 端进行开发。而且在 B 端，人工智能医疗的商业落地已经存在 4 种发展较好的商业合作模式，如图 7-2 所示。

图 7-2　人工智能医疗的 4 种商业合作模式

模式一：与医院进行商业合作。一般来讲，与医院进行商业合作有着较为严苛的要求，创业公司必须拥有强大的科技研发团队。而且，创业团队还必须有参与"国家基金合作科研项目"的经验，否则，很难与大型医院进行合作。

模式二：与精密医疗器械公司进行商业合作。一般来讲，与这类公司进行合作还是能够盈利的。因为创业团队只需为这类公司的产品提供更加智能的科技，质量有保证即可，也没有太过严苛的标准。

模式三：与信息公司进行商业合作。与这类公司合作，能够为初创团队提供大量的商业信息，如市场需求信息、产品供给信息等。这样有利于他们更好地进行市场布局，做到全局把握。

模式四：与科研机构进行商业合作。如果你的初创团队是一个有创新意识的团队，却没有核心科技，那么再好的想法也只能是幻想，不能成为实在的产品。与科研机构进行合作，可以借助它们的科技力量，把好想法转化为美好的现实。或者它们也可以帮你的团队排除一些不切实际的想法，让你的决策更加高效。

第 7 章
智能+医疗：革新医疗行业，使人工智能成为爆发点

同时我们要明白，并不是所有的领域与人工智能的碰撞都能迅速产生完美的商业模式。在医疗领域进行人工智能的商业探索会更加困难，因为医疗领域存在太多的不确定性，不利于商业开发。

目前，虽然已经出现了上述 4 种商业合作模式，但是人工智能医疗创业团队要实现迅速壮大，还存在 4 个成长痛点，具体内容如下：

（1）需要医疗人士的协助，为我们提供更精确的人工智能数据。

（2）需要顶端医疗专家的深入配合，协助人工智能医疗产品的研发。

（3）需要医疗人员接纳我们的人工智能产品，推动产品进行商业落地。

（4）需要植入到医疗场景中，让消费者感受到产品的实际价值，最终促进商业模式的构建。

只有成功解决这些痛点，人工智能医疗产品的商业开发才会畅通无阻。

综上所述，人工智能医疗商业模式的落地会是一个艰难的过程。但是，我们还要坚信，人工智能医疗的社会价值会更大，我们要在进行商业开发的过程中，不遗余力地挖掘产品的社会价值。一旦产生了良好的社会价值，它的商业模式自然也就水到渠成了。

7.1.3 盈利能力落地

盈利能力落地是人工智能医疗走向壮大的核心要素。如果不能进入盈利状态,即使一些产品已经进行了落地开发,也难以取得进一步的发展。

目前,在人工智能医疗领域,在影像识别、辅助诊断、精准医疗、药物研发层面,基本上都已经进行了产品的落地开发。在所有层面中,辅助诊断的商业化程度最高,而且也有丰厚的利润。但是,在其他层面的开发中,目前并没有看到盈利趋势。

关于人工智能医疗的盈利能力,业内专家也是众说纷纭。

姜天骄是一位资深的医疗产业投资并购专家。对于人工智能医疗的盈利能力,他有着清晰、科学、明智的观点。他曾经谈道,一个资本风口的周期大约为两年,前两年进行需求确认、技术实现,过两三年测试收入流水、规模复制,再过两三年产生净利润、延伸盈利模式,这样的项目才是成功的项目,显然人工智能医疗难以这样推进。

由此可见,实现产品的商业落地相对容易,实现产品的长久盈利却很难。人工智能医疗的盈利能力落地,更需要长久的观察和反复的实践。

羽医甘蓝公司的创始人兼 CEO 丁鹏认为:"人工智能医疗的

价值是隐性的，盈利还需要等一段时间。资本之所以涌入人工智能医疗这个风口，是因为人们看到了人工智能在这个领域发挥的作用。创业公司一定要在细分领域、垂直领域做深做透，才能真正发挥作用，而不是一味地追逐资本。"

由此可见，人工智能医疗的盈利具有滞后性。所以，面对人工智能医疗投资的弊端，创业者也要擦亮双眼，不能盲目跟风，一定要在细分市场、在垂直领域多下功夫。

目前人工智能医疗还没有非常成熟的盈利模式，我们需要在图7-3所示的3个方面多做努力，争取实现产品的盈利。

图7-3　开发人工智能医疗盈利能力的三元素

第一，深入挖掘人工智能医疗的细分市场。虽然人工智能医疗现在还是蓝海市场，但是只做一些简单粗放的人工智能医疗产品是不具有竞争力的。例如，简单地将语音交互技术应用于医疗领域，只是一种"假把式"，虽然带着人工智能的光环，但是没有为患者带来实际的疗效。

在细分领域深入挖掘，就是要找到人工智能医疗的核心点、盈利点进行挖掘。例如，初创公司可以在医疗机器人、辅助诊断等核心领域进行深度开发。只有在这些领域开发出功能完善的产品，才会得到医疗界的支持，才会得到广大患者的支持，最终才能占有市场，获得盈利。

第二，垂直领域，延伸人工智能医疗的产业链条。只有产业链条足够完善，才会有更强的用户黏度，才会有更多的盈利机会。具体来讲，在人工智能医疗领域，初创团队既要在源头利用人工智能技术进行药物研发，又要在就医过程中，利用人工智能技术开发更加精密的医疗器械，还要在服务领域，开发人工智能医疗服务机器人。只有在产业链的各个层面进行深入挖掘，最终才能够获得利润。

第三，注重人工智能医疗的社会价值。在人工智能医疗领域，创业者要更加重视人工智能的社会价值。只有率先实现了人工智能医疗的社会价值，才会逐渐实现它的商业价值，而且会持续盈利。

综上所述，人工智能医疗的盈利落地过程是漫长的，我们希望初创团队在注重社会价值的情况下，充分利用大数据，深入挖掘细分市场，让人工智能医疗真正为百姓谋福利，最终实现盈利，达到双赢。

第 7 章
智能+医疗：革新医疗行业，使人工智能成为爆发点

7.2 人工智能与医学相结合的领域

人工智能已经成为时代潮流，社会上的各行各业也竞相在赶风潮。在医学领域，凭借人工智能的强大技术，必然会产生更多有益于人类健康的产品。

目前，在人工智能技术与医疗融合的浪潮中，已经有了许多造福人类的应用。

典型的应用有 5 种，分别是医疗机器人、人工智能精准医疗、人工智能辅助诊断、人工智能药物研发和人工智能医学影像识别。

7.2.1 医疗机器人

随着人工智能的火热，各种机器人层出不穷。在生活领域，有扫地机器人；在金融领域，有金融服务机器人；在军事领域，有拆弹机器人；在刑侦领域，有刑侦机器人。

在医疗领域，自然也有各种机器人。借人工智能之力，医疗机器人步入了快速发展的阶段，医疗机器人的应用场景也走向了多元

化。目前，医院内的医疗机器人功能各异，不但有手术机器人，还有康复机器人、医学实验机器人、医疗服务机器人等。

MarketsandMarkets（全球第二大市场研究咨询公司）预计，在 2020 年左右，医疗机器人的全球市场规模有望达到 114 亿美元。在所有医疗机器人中，手术机器人仍将处于主导地位，大约占据 60% 的市场份额。

由此可见，医疗机器人的发展前景很好。

医疗机器人的生产投入将会给医生带来便利，也会给病人带来希望。

医疗机器人有如下 3 个显著的作用：

（1）使医生有更多的精力为重病患者服务。

由于病人众多，医生每天都要进行高强度的工作。为了提高诊断的效率，对于一些小病，有的医生只是根据自己的经验来抓药，而没有认真地进行诊断。医生看病的时间短是比较不好的现状。由于没有深入诊断，一些症状看似是小病的表现，最终可能会引起重大疾病。

针对这一现象，医疗机器人的应用将会给病人带来希望。随着人工智能技术的成熟，各种功能诊断型机器人也将相继问世。它们有望成为医生的合作伙伴，帮助医生进行诊断前的详细问询工作及自动化检测工作。

第7章
智能+医疗：革新医疗行业，使人工智能成为爆发点

例如，把人工智能语音技术应用到医学领域，就能打造出一个智能语音医疗服务机器人。这台智能语音医疗服务机器人能够像人类医生一样与病人亲切地交谈，它能够在详细询问病情的基础上，再进行症状的判断，最终为病人提供个性化的治疗方案。

这样，病人就可以愉悦地与医疗机器人进行沟通。同时，病人在体验过程中，也会有一种新鲜感和轻松感，这也有利于他们病情的好转。当然，这些小病如果都经由医疗机器人，那么医生就可以为那些患重病的病人提供更多的服务。

（2）医疗机器人借助人工智能技术，拥有海量的医学知识及丰富的"临床诊断经验"，这有助于增强医生诊断的精准度。

医疗机器人凭借海量的数据库及超强的云计算能力，能够科学合理地为病人诊断。医生在其帮助下，有利于对患有疑难重症的病人进行诊断。

（3）医生有更多的时间与病人互动，从而缓和紧张的医患关系。医患关系紧张，是比较令人头疼的社会问题。医患关系紧张，也不是一朝一夕就能解决的事情。只要涉及人与人的关系，就难免会出现沟通障碍，甚至是小动唇舌、大动干戈。

但是医患问题不能这样处理。这不仅关系到医生的职业道德，还关系到病人的生命。

医疗机器人的到来，将有效缓解这一现象。医疗机器人都有良好的性格，它们不会生气，对于病人的提问，它们也是有问必答，

有求必应。它们还能通过视觉感知技术来了解病人的心情。当病人不开心的时候，医疗机器人还会说一些有趣的笑话或一些励志的故事，让病人振作起来。

综上所述，医疗机器人不仅有良好的发展前景，也因其独到的作用，将会为医生和病人带来更好的服务。

7.2.2　人工智能精准医疗

实现精准医疗一直是医生的梦想。"望闻问切"是古人追求精准医疗的必要行医手段。

自古以来，名医总是希望通过"望闻问切"看清病人的病根。可是随着时代的发展，细菌、病毒也在不断升级，仅凭"望闻问切"已经无法解决更复杂的疑难杂症，如肿瘤疾病等。

由此，现代意义上的"精准医疗"理念就应运而生了。

总体来讲，精准医疗是伴随着生物信息技术与大数据技术的发展而产生的一种新型医疗模式。精准医疗遵循基因排序规律，根据个体基因的差异进行差异化的医疗。最终又好又快地减轻病人的痛苦，达到最佳的治疗效果。

精准医疗的发展离不开生命科学、信息技术及临床医学的不断进步。可以说这三门科学是精准医疗发展的三驾马车，如图 7-4 所示。

第 7 章
智能+医疗：革新医疗行业，使人工智能成为爆发点

图 7-4 支撑精准医疗的三驾马车

在这三驾马车中，信息技术，也就是互联网新科技，在人工智能时代主要是指人工智能新科技。随着精准医疗的不断发展，现在的发展瓶颈主要聚集在信息技术领域。

目前我们对更高级的人工智能医疗的需求走在技术的前面，现有的互联网技术难以满足人工智能医疗对庞大运算量的需求。除了人工智能科技本身面临的挑战，数据的深度挖掘也是精准医疗发展的瓶颈之一。

另外，在人工智能医疗研发的过程中，目前依然面临两个重大的挑战，分别是如何让人工智能医疗机器拥有庞大的"医学知识库"及如何让人工智能医疗机器用"医学大脑"解决问题。

挑战一：如何让人工智能医疗机器拥有庞大的"医学知识库"。相关科学人员已经采取了多种方案来解决这一问题。

例如，利用传统的搜索方案，构建结构化的医学知识库。可是这种方法不够智能，因为医学知识是十分复杂的。近几年，相关科研人员也在利用知识图谱技术来解决这一问题，但是仍难以描述海

量的医学知识。

研发团队屡败屡战，最终提出了一套新的方法，这套方法名为"语义张量"。让人工智能医疗机器学习医学本科的全部教材、相关资料及临床经验，用"张量化"的方式进行表示，最终使其拥有庞大的医学知识库。

挑战二：如何让人工智能医疗机器用"医学大脑"解决问题。这是人工智能医疗机器人能否实现精准医疗的关键。

科研团队由此提出了众多的语义推理方法，如关键点语义推理、证据链语义推理等。通过多元推理方法的融合，让人工智能医疗机器能够听懂人们的语言。它能够根据人们的话语进行多层次的推理，从而像人类医生一样拥有"大脑"，进一步为病人服务。

当然，它的"脑力"智力值，并非局限于理解病人的语言，而是能够通过对病人的全面观察，了解他的核心病症。在此基础上，凭借精密的医疗器械，对病人进行治疗。总之，这会最大程度减轻病人的痛苦，最高效地治疗病人的病症。

综上所述，精准医疗是医学发展的必然产物，是科技进步的必然要求。所以，我们必须继续发展人工智能技术。让人工智能新科技凭借强大的算法及海量的数据，为精准医疗提供强大的智力支持，为精准医疗事业的发展保驾护航。

7.2.3 人工智能辅助诊断

在辅助诊断方面，人工智能有着强大的功效。例如，人工智能技术可以凭借强大的算法迅速收集海量的医学知识。同时，人工智能技术在此基础上进行深度学习，即在医学层面对海量的数据进行结构化或非结构化的处理，从而使自己快速成为某一医学领域的专家。

人工智能医疗机器还可以模拟医生的诊断思维，科学地进行诊断。大数据技术及云计算能够大幅度提高它的诊断准确率，从而辅助医生进行医疗诊断。

伴随着人工智能技术的提升，人工智能视觉识别技术也取得了长足的发展。如今，人工智能医疗机器不仅能够"听懂""读懂"我们的话语，还能够"看懂"我们的各种疾病。例如，医学影像识别技术就能"看懂"我们的病症，并在此基础上为医生提供合理的解决方案，从而协助诊断。

国内外从事人工智能辅助诊断的公司有很多，IBM 就是典型的人工智能科技公司。IBM 旗下有一个名为 Watson 的系统，被称为最强大的计算机认知系统。当然，Watson 的强大也依附于先进的人工智能技术。同时，Watson 是全球唯一能够通过实证，为医生提供治疗方案或治疗建议的人工智能。

目前，Watson 系统能够支持 11 种癌症的辅助诊疗，如直肠癌、肺癌、胃癌、肝癌等。而且它的辅助治疗能力也在不断进步，未来，它的治疗范围将会进一步扩大。

总之，Watson 智能系统的开发，使我们的医学治疗进入了智能诊疗的新时代。我们借助人工智能技术，通过海量的数据资源，能够有效提高医生的决策力，提高治疗的准确性。

综上所述，在人们对于医疗的新的需求下，科研机构要继续研发更加智能的人工智能系统，辅助医生进行诊断，更好地为病人服务。同时，如果有好的疗效，那么人工智能医疗的商业落地也自然是水到渠成的事了。

7.2.4　人工智能药物研发

人工智能药物研发，是指利用人工智能中的深度学习技术，通过大数据对药物成分进行分析，从而快速精确地筛选出最适宜的化合物或其他药物分子。利用人工智能进行药物研发能够达到缩短研发周期、降低成本、提高研发成功率的目的。

众所周知，在医药领域，进行新药研发是一件很困难的工作。

传统的药物研发的困难体现在三个层面。第一，药物研发比较耗时，周期长；第二，药物研发的效率低；第三，药物研发的投资量大。

权威调查数据显示，在所有进入临床实验阶段的药物中，只有不到12%的药物最终能够上市销售，而且一款新药的平均研发成本

第 7 章
智能+医疗：革新医疗行业，使人工智能成为爆发点

高达 26 亿美元。

由于以上三个层面的问题，再加上试错的成本越来越高，越来越多的药物研发企业将研发重点转向人工智能领域。而且利用人工智能技术，他们也可以对药物的活性、药物的安全性及药物存在的副作用进行智能的预测。

总之，他们都希望通过人工智能技术来提升药物研发的效率，从而节省投资与研发成本，取得最好的研发效果。目前借助深度学习等算法，人工智能已经在抗肿瘤药物、抗心血管疾病药物等常见疾病的药物研发上取得了重大突破。同时，利用人工智能研发的药物在抗击埃博拉病毒的过程中发挥了重要作用。

目前，在人工智能药物研发层面，比较顶尖的公司有 9 个。这些公司大部分都位于人工智能技术发达的英国和美国，如表 7-1 所示。

表 7-1 世界顶尖的 9 家人工智能药物研发公司

排名	公司名称及其所在地
1	Benevolent 人工智能公司，位于英国伦敦
2	Numerate 公司，位于美国圣布鲁诺
3	Recursion Pharmaceuticals 公司，位于美国盐湖城
4	Insilico Medicine 公司，位于美国巴尔的摩
5	Atomwise 公司，位于美国旧金山
6	uMedii 公司，位于美国门洛帕克
7	Verge Genomics 公司，位于美国旧金山
8	TwoXAR 公司，位于美国帕洛阿托
9	Berg Health 公司，位于美国弗雷明翰

这些人工智能药物研发公司都是创新型企业。最早创立的是 Berg Health 公司，于 2006 年成立，至今也只有 13 年的时间。最晚创立的是 Verge Genomics 公司，成立于 2015 年。它的人工智能研发药物主要用来治疗帕金森病和肌萎缩性侧索硬化症，著名的科技巨匠霍金就是肌萎缩性侧索硬化症患者。

在这些人工智能药物研发公司中，最亮眼的是 Benevolent 人工智能公司。它是欧洲最大的人工智能药物研发公司，在所有的人工智能药物研发公司中，处于第一名。Benevolent 人工智能公司成立于 2013 年，虽然建立时间较晚，但后来居上。目前，该公司已经研发出了 24 种新兴药物，有的已经在临床中得到了应用。

谈到 Benevolent 人工智能公司的药物研发成就，就不得不提它的人工智能技术平台。它的人工智能技术平台能够利用云计算技术及深度学习算法，从杂乱无序的海量信息中获得有利于药物研发的知识。在此基础上，进一步提出新的药物研发假说，最终验证假说，加速新品药物研发的进程。

当然，对于人工智能药物的研发，科研界的人士并不是一味地看好。

Derek Loewe 是一位长期从事药物开发工作的科技人员，他对人工智能研发持有怀疑的态度。他在 *Science* 的个人博客中写道，"从长远角度来看，我并不觉得这个东西是不可能的。但是如果有人告诉我，他们能预测所有化合物的活动，那么我可能会认为这是在胡说八道。在相信他们之前，我想看到更多证据。"

第 7 章
智能+医疗：革新医疗行业，使人工智能成为爆发点

确实，以目前的人工智能技术而言，人工智能药物研发的成果有限。在没有取得更多的成果时，药物研究科学家的存疑还是有一定的道理的。

但是这只是一种暂时的现象，我们应该相信科学，相信人工智能能够使我们更健康、更长寿。

为了使人工智能药物研发更加高效、更加有质量保证，我们需要在图 7-5 所示的三个方面做好把控。

图 7-5 人工智能药物研发的三元素

第一，大数据要精确高质。大数据是所有人工智能企业发展的必要支撑，如果没有精准的大数据，一切都是空谈。对于人工智能药物研发企业来讲，更需要做好高质量的数据积累。良好的数据库能够为药物的研发提供更加准确的药物学资料，当人工智能进行深度学习时，会有更好的效果。

第二，积极培养新药物的市场。有了好的市场前景，研发机构

自然就会积极进行人工智能药物的研发。在培养新药物的市场时，企业需要积极通过新媒体渠道进行宣传，或者与权威医疗机构合作，人工智能药物才会迅速在市场上获得积极反响。

第三，积极培养人工智能药物研发人才。目前，虽然人工智能的专家不是很缺乏，但是人工智能药物研发的专业型人才还很稀缺。因此，无论是从教育角度还是科学研究角度来说，都要积极培养这类人才。在培养的过程中，要给予他们充分的资金支持及人文关怀，这样他们的研发动力才会更强。

综上所述，传统的药物研发存在一些难以弥补的缺点，我们需要用人工智能技术为其发展注入新的活力。同时，在人工智能药物研发的过程中，企业要牢牢把握数据关、市场关及人才关，这样才能更长远地发展。

7.2.5　人工智能医学影像识别

现在，看医学影像无疑成为医生诊断病情的一项重要依据。可是在现实生活中，医生在观察医学影像时，有时会由于疲惫，造成误诊，这就不利于病人病情的好转。

影像科的医生每天要看上百张医学影像，难免会心有余而力不足。人会因为体力、精力等原因，造成误诊，可是人工智能机器不会疲惫，而且总是处于"精力充沛"的状态。

第 7 章
智能+医疗：革新医疗行业，使人工智能成为爆发点

随着人工智能在图像识别及深度学习等方面的突破，这些技术已经被应用于医学影像识别领域，帮助医生进行诊断，而且准确率相当高。

目前，人工智能对肺病、皮肤病、胃癌、乳腺癌等病种的医学图像检测效率已经大大提高。而且在图像识别精度上，人工智能已经可以与专家相媲美，甚至超越权威医生的水平。例如，在肺病检查领域，在面对超过 200 层的肺部 CT 扫描影像时，专业医生进行人工筛查的时间为 20 分钟，甚至更长。但是在人工智能赋能的情况下，智能扫描机器的筛查时间只有数十秒。

人工智能医学影像识别技术的工作原理如下。首先，人工智能会收集大量的影像数据，然后进行深度学习，对医学影像特征进行感知，识别有效的信息，最终拥有独立的诊断能力。当人工智能为医疗影像识别赋能时，医生就能把更多的时间投入到更具有科研性的项目上，医疗能力也会越来越强。

在人工智能医学影像识别领域，科大讯飞走在了时代的前列，不仅利用人工智能医学影像识别技术成功识别肺结核疾病，而且刷新了世界纪录，读片准确率高达 94.1%。

对于人工智能医学影像识别技术，科大讯飞的董事长刘庆峰说："根据科大讯飞在安徽省立医院等三甲医院的测试结果，人工智能对肺结节的判断已经达到了三甲医院医生的平均水平。今后随着该技术的不断进步，它可以帮助医生更快、更准确地读片，从而

减轻医生的工作强度、提高诊断水平。"

同时国内互联网三巨头 BAT，也把关注点集中在人工智能医学影像识别技术的研发上。阿里健康旗下有一款名为"Doctor You"的人工智能医疗系统，它能够协助医生诊断。例如，它能对医生进行能力培训、帮助医生进行医疗影像检测等。腾讯的"觅影"（食管癌早期筛查系统）也在广西人民医院成功落地。百度也在紧锣密鼓地推进人工智能医疗。

我们以腾讯"觅影"为例进行详细介绍。目前，"觅影"在食管癌早期筛查方面的准确率极高。据统计，其准确率超过90%，同时在肺结节识别方面的准确率也已经超过95%，能够检测到3毫米及以上的微小结节。

综上所述，人工智能医学影像识别技术在医疗领域的应用空间还是很大的。无论是在早期诊断方面，还是在辅助决策与治疗方面，它都取得了不错的效果，而且识别效果能够达到专业化医生的水平。

7.3 案例：SmartSpecs 智能眼镜

在健康领域，视力受损是一件令人痛苦的事情，严重的视力受损会导致失明。失明后，人们再也看不到色彩斑斓的世界，再也看

第 7 章
智能+医疗：革新医疗行业，使人工智能成为爆发点

不到明媚的阳光及清澈的溪流。

过去，没有先进的设备，盲人只能停留在永远的"黑暗"之中。他们只能借助木棍进行探路，或者通过导盲犬的牵引进行日常的活动。总之，他们的出行及生活是很不方便的。

盲人有先天性和后天性之分。后天性盲人其实并非"完全失明"，他们仍然存在光感，仍然保留了微弱的视力，只是不能识别出人的面孔，眼前一团模糊而已。在低光条件下，他们的视觉能力会继续下滑。

后天性盲人可以借助一些辅助性工具帮他们"观察"世界，例如，有帮助盲人躲避路障的智能相机、专供盲人使用的特殊键盘等。

其实眼科领域的专家一直都不曾停止研究工作，总是想尽一切办法研发新的产品，使盲人的生活更加方便。

随着人工智能时代的到来，当科研人才与医学顶尖人才相互交流后，往往会产生新的灵感，催生新型的高科技产品。SmartSpecs 智能眼镜就是这样产生的。

SmartSpecs 智能眼镜是由初创公司 VA-ST 开发的，这款智能眼镜可以利用增强现实技术帮助视力受损的人看得更清楚。

VA-ST 公司是从牛津大学起步的一家科技型初创公司，公司的联合创始人是史蒂芬·希克斯博士。希克斯是牛津大学神经科学和视觉修复的研究人员，他一直都比较关注视力受损的人的生

活，希望能够生产出一款高智能的设备帮助他们，让他们的生活更加便捷。

VA-ST 公司就是在这样的愿景下成立的。希克斯与他的团队攻坚克难，终于打造出了 SmartSpecs 智能眼镜。这款智能眼镜能够在黑、白、灰等色彩的基础上，配合一些细节来显示我们周围的世界。而且这款眼镜还使用了深度传感器及相关软件，能够通过高亮模式来显示附近的人或物体。

虽然这款眼镜并不能帮助视力受损的人恢复视力，但是他们能够在智能眼镜的帮助下，使现有的视力达到最好水平，这有助于他们了解周围的环境。

希克斯曾经这样评价这款智能眼镜："这种智能眼镜会给视力受损的人提供帮助，帮助他们了解周围的世界。"

一副 SmartSpecs 智能眼镜上有 3 个摄像传感器、1 个处理器及 1 个显示屏。虽然结构很复杂，但是很容易佩戴。另外，SmartSpecs 可以与 Android 系统完美配合。我们可以借助 Mini 投影仪把处理过的图片投放到镜片上，同时佩戴眼镜的人可以对这些图片进行放大或缩小，从而查看更多周围环境的细节。此外，针对不同用户，SmartSpecs 还提供了风格各异的定制功能，能够满足人们多样化的需求。

例如，对于色彩对比度不敏感的人，SmartSpecs 智能眼镜能够将周围的环境转换成由色彩构成的图片，同时颜色的对比度会增加,这样就能够最大化地帮助他们看到物体的大致轮廓。

如今,这款智能眼镜已经展现出了巨大的市场号召力。

但是,这款智能眼镜仍然存在一些缺点。例如,产品的构成相对复杂,不够精致;在功能上,它暂时不能与长距离的深度摄像头配合,视力范围相对狭窄;在价格上,由于研发成本高,售价还是比较昂贵的,不能被大众接受。

针对以上缺点,希克斯表示:"目前最大的挑战就是让长距离的深度摄像头也能够和SmartSpecs完美配合,我们正在测试15英尺范围的摄像头。另一项挑战就是让SmartSpecs变得更加轻巧,更加好看。关于价格,我们会进一步降低研发成本,将售价尽量控制在1000美元左右。由于这个设备有助于识别附近的东西,可以真正地让它在众多智能设备中脱颖而出。"

总之,随着人工智能技术的发展,这款智能眼镜的功能将会日益完善,也将会给更多视力受损的人带来福音。

第 8 章

智能+金融：创新智能金融产品和服务，发展金融新业态

金融领域是人工智能最好的商业落地场景之一。一是在金融领域内存在大量的数据，二是金融领域的从业者向来重视数据的积累，也总是率先将先进的技术应用到金融统计或其他金融服务中。

从整体来看，人工智能将凭借深度学习技术、知识图谱及自然语言处理技术，推动智能金融的进一步发展。

从本质来看，金融业务或服务仍离不开人与人之间的交流。人工智能使服务的效率更高，服务将会更智能、更人性化，最终加深客户对金融机构的依赖度，打造出一套全方位的智能金融生态体系。

8.1 金融领域可应用的人工智能技术

人工智能作为近年来最前沿的科学技术，承载了人们对美好生活的无限向往。在金融领域，人们更加期盼高效率、高质量、人性化的智能金融服务。

虽然人工智能技术必将改变金融市场、金融形态及金融服务，但是目前，人工智能技术仍处于起步期，需要各行各业的专家出谋划策，一起打造美好的智能金融生活。

从技术角度来看，金融领域可应用的人工智能技术有三种，分别是深度学习、知识图谱及自然语言处理。

8.1.1 深度学习

深度学习是现阶段计算机学习算法中比较高级、比较先进、比较智能的一种算法。

金融界人士认为，深度学习算法非常适合应用于金融场景，因为深度学习算法能够在干扰因素极多、变量条件非常复杂的情况下，进行高智能的深度处理，这一特点与金融市场完全吻合。金融市场也总是面对着多变的社会环境和复杂的政策，传统的金融计量方法现在已经过时了。深度学习的注入，无疑会使金融预测及金融方法的改良产生明显的变化。

深度学习与金融领域相结合有着巨大的优势，主要体现在四个层面，如图 8-1 所示。

图 8-1 深度学习应用于金融领域的四大优势

第一，自主智能地选择金融信息，预测金融市场的运行情况。

金融证券行业易受到社会事件的影响及人们心理因素的影响。具体来看，当政策发生改变时，证券的价格也会随之涨跌。另外，人们有从众心理，容易在投资、买股过程中产生跟风行为，然而，有些跟风行为确实是不明智的。有些人正是因为盲目投身于股市，跟风投股，最终赔了本钱，负债累累。

深度学习的应用，将会有效解决类似的问题。深度学习基于循环神经网络算法，能够智能地利用自然语言处理技术，准确把握社会状况及舆情进展。在此基础上，我们再提取出可能影响金融走势的事件，并让人们注意到，最终合理规避这一事件，使金融投资盈利。

在金融领域，对未来金融产品价格的预测一直是热门话题。在PC 时代早期，机器学习算法也曾经被应用于金融领域。随着技术水平的提升，越来越多的专家也开始利用深度学习模型提高预测的精确性。而且，目前在对价格变动方向和变动趋势的预测上，已经有了明显的效果。例如，深度信念网络训练机器可以帮我们智能地预测、筛选日常交易数据，并为我们的相关决策提供数据支撑。

第二，深度挖掘金融领域的文本信息。

文本挖掘是金融信息分析的重要一环，影响着我们的金融决策。随着时代的进步、互联网的迅猛发展，以及人工智能技术的初步应用，信息的传输速度已经取得了质的飞跃。如今，我们已经走在了"信息的高速公路上"，步入了"信息爆炸""知识爆炸"的时代。但这并不意味着信息处理能力的飞跃，在金融领域，信息处理能力仍然是短板。

深度学习的应用，将会有效提高文本挖掘的能力，助力我们进行金融决策。深度学习算法基于神经网络算法，能够在非线性的市场环境下，智能地提取出文本内的有效信息，使金融决策不再难。

第三，辅助投资者改善交易策略。

在金融领域，现代投资风险管理中的一个重要问题就是投资模型同质化。投资模型同质化有两个危害。一方面，微观投资者使用同质化的投资模型，会严重影响其投资的收益率；另一方面，投资者在宏观市场使用同质化的投资模型，市场将会缺少流动性，在经济危机时会引起更严重的后果。

深度学习算法能够有效解决这一问题。深度学习算法能够综合公司的发展状况，投资产品的未来效益，以及用户对产品的未来需求，智能地推荐出差异化的投资策略。总之，会使投资者的投资效益最大化。

第四，覆盖面广，关注众多潜在的小微投资者。

一般而言，金融机构更喜欢高收入人群。然而，高收入人群却有着相反的做法，他们更倾向于通过私人银行进行理财，这样能够形成一种长久的合作关系。

金融机构一般都不太喜欢小微投资者，他们对小微投资者总是谨小慎微，也一直抬高投资门槛。金融机构认为，这类人群人均资产相对较低，不容易取得高额的投资回报。

可是，金融机构忽视了很重要的一点：小微投资者数量众多。在大数据技术被广泛应用的今天，通过历史数据，金融机构可以分析出小微企业的盈利状况，从而对其进行投资。长期利用深度计算下的大数据技术，能够使金融机构更加关注处于长尾链条中的小微投资者，从而实现精细化的投资，投资回报率也能通过量的积累达到质的飞跃。

综上所述，深度学习在金融领域的应用，将会是一件百利而无一害的事情，能够使投资者明确投资方向，使小微投资者获利，最终实现企业与金融机构共同盈利。

8.1.2 知识图谱

知识图谱的定义如下：知识图谱是 Google 用于增强其搜索引擎功能的知识库。

知识图谱在本质上是一个关系链，是把两个或多个孤单的数据联系在一起，最终形成一个数据的关系链。当然在构建过程中，我们会用到很多算法，如神经网络算法、深度学习算法等。如今，知识图谱泛指各种大规模的知识库。

知识图谱在金融领域也有着独特的功能，如图 8-2 所示。

知识图谱能在金融领域做什么？

- 传统数据终端的增强或替代
- 金融搜索
- 金融问答
- 公告、研报摘要
- 个人信贷反欺诈
- 信贷准备自动化
- 信用评级数据准备自动化
- 自动化报告
- 自动化新闻
- 自动化监管和预警
- 自动化审计
- 法规和案例搜索
- 自动化合规检查
- 产业链自动化分析
- 跨市场对标
- 营销和客户推荐
- 长期客户顾问

图 8-2　知识图谱在金融领域的应用

第一，知识图谱的应用能够解放人力，替代一些简单重复的金融劳动，如金融搜索与金融问答。

第二，知识图谱的应用能够提高工作效率。通过智能数据的分析，智能金融能够自动生成报告及新闻，另外，可以自动进行监管和审计。

第三，知识图谱的应用能够提高金融客服质量，提高用户满意度。知识图谱能够对产业链进行自动分析，智能推荐客户并进行营销，成为客户的长期顾问，增加客户的依赖度。

总之，知识图谱在金融领域的构建，是一种自下而上的构建方式。我们能够从既有数据中总结提取结构化数据，优点是循序渐进，便于商业落地。借助知识图谱，我们的金融业务的处理能力将会提高。

8.1.3 自然语言处理

自然语言处理（NLP），就是让计算机理解人类的自然语言，并且能够进行智能的分析与操作。也许单讲概念，大家会觉得很生硬，也很无趣。其实，NLP 就在我们的周围，已经融入了我们的生活场景及各类其他场景。例如，百度、谷歌的搜索引擎及谷歌翻译，都是典型的 NLP 的实际应用。

在金融领域，如果我们能够充分利用 NLP 技术，将会大幅度提高工作效率。总之，财经信息更新速度较快，财经领域的工作者必须在无尽的数据中挣扎，力求取得最准确的数据，得出有效的结论。

第 8 章
智能+金融：创新智能金融产品和服务，发展金融新业态

目前，在金融市场出现的 NLP 应用，按照功能大致可以分为三类，如图 8-3 所示。

图 8-3　NLP 在金融市场的三大功能

第一，金融信息复核。在金融业务中，复核就是校验交易。在对公业务中，信息复核量超大。对公业务量大而且金额数量巨大，因此就需要多名员工进行大量的金融信息的复核。

然而，NLP 技术的应用，将会大大减少人员投入，同时提高复核的准确性。NLP 技术基于特有的语言读取与语义理解技术，能够模仿人类进行信息的高效审核。同时，计算机不需要休息，所以，能够无眠无休地进行金融信息的复核工作。一方面，这会为金融工作者解压；另一方面，这也会让金融工作者把工作的重心转移到为客户服务上，或转移到其他更有价值的工作中。

第二，垂直搜索。我们以物联网产业中金融信息的垂直搜索为例进行说明。整个垂直搜索大致有四个过程，具体如下：

（1）借助 NLP，我们能够顺利梳理物联网公司的产业链条。

（2）借助 NLP，我们能够清晰地看到产业链上各家公司的基本

信息。例如，财务指标、市场规模、产品专利信息，以及合作者或潜在合作者等。

（3）我们可以很容易地抽取出产品的竞争格局及市场规模等信息。

（4）借助 NLP，我们能够轻松生成产业链报告，包含企业业务布局、产品专利数量、投融资规模等信息。

这样，我们就能对整个行业的金融信息进行垂直又细致的划分，最终做出最明智的决策。

第三，自动生成报告。综合人工智能大数据技术及 NLP 技术，我们能够自动生成公司或其他组织的金融信息报告。该报告涵盖的信息很广，如公司的基本信息、公司近 5 年的财务报表、同业公司对比、公司的销售模式、公司的股权结构、公司的潜在客户与未来市场规模等。

这些数据能够让我们对公司的整体情况有一个全面的了解，特别是对公司的财务信息有一个透彻的了解。同时我们还能对同行的财务信息进行综合分析，做到知己知彼，这样公司才会有更美好的未来。

第 8 章
智能+金融：创新智能金融产品和服务，发展金融新业态

8.2 智能商业落地的七大金融领域

金融市场有三个典型特征：数据密集、资本密集、高额盈利。这些特征都为人工智能的落地提供了机会。

人工智能可以在七大金融领域进行落地，分别是智能投顾、智能信贷、金融咨询、金融安全、投资机会、监管合规及金融保险。

8.2.1 智能投顾

智能投顾也被称为机器人理财。简言之，智能投顾就是人工智能与投资顾问的完美结合。智能投顾机器人会综合客户的理财需求及产品的特点，通过深度学习，智能地为客户提供理财服务。智能投顾的核心是大数据及云计算能力。

智能投顾在为用户服务的过程中，需要密切结合大数据和算法模型。只有两者兼具，才能发挥最佳效果，如图 8-4 所示。

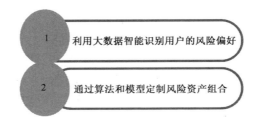

图 8-4　智能投顾发挥最佳效果的双重因素

第一，利用大数据智能识别用户的风险偏好。

随着语音及语义技术的发展，搜索引擎优化技术迅猛提升，在搜索引擎的助力下，智能推荐也越来越快速、明确、高效。

智能推荐同样适用于智能投顾领域。理财机器人也会利用大数据，分析用户特征，进而智能识别用户的个性化风险偏好，然后根据用户的风险偏好差异，为他们提供个性化的理财产品或理财方案。更厉害的是，它能够对用户的风险偏好进行实时动态计算，在动态中分析用户的综合理财特点，最终帮助他们做出最明智的决策。

这样，一方面能减少用户寻找投资顾问的费用，另一方面也能综合提升用户的收益。

第二，通过算法和模型定制风险资产组合。

自从计算机技术被应用于金融领域，金融信息的处理能力、处理效率及金融的服务水平都取得了质的飞跃。在人工智能技术迅猛发展的情况下，借助大数据技术、神经网络算法及深度学习算法，金融业的发展将会更加智能。

在资产配置这一金融领域，理财机器人可以利用多种模型定制风险资产组合。例如，我们借助资产配置模型，可以形成最优投资组合；利用多因子风控模型，可以更准确地把握前瞻性风险；利用信号监控模型，可以通过量化的手段制订择时策略。

总之，在智能投顾的帮助下，我们的金融理财将会更加个性化、智能化。

如今，市场上也有许多智能投顾产品。但是市场上的产品有好有坏，具备慧眼才能选择出最合适的产品。识别智能投顾产品有以下四个标准：

第一，能够利用大数据分析用户个性化的风险偏好及其演变规律；第二，能够利用算法模型定制回报率高的资产配置方案；第三，能够结合时况，对用户的资产配置方案进行跟踪调整；第四，在用户能够承受的风险内实现收益最大化。

把握了以上四个标准，我们才能挑选出最合适的理财机器人，使其为我们的智能理财提供最完美的规划方案。

综上所述，智能投顾能够节约理财成本，改善理财效果。

8.2.2　智能信贷

信贷，在狭义上来讲，是指商业银行的贷款。信贷行为风险高，我们需要综合考虑信贷的安全性、流动性及收益。信贷的主要着眼点在于借款方的信誉、能力、资本、担保和环境。

传统信贷需要高额的成本投入，不仅需要金融专家进行综合的信用分析，还需要营销人员积极拉入新客户及金融客服人员进行客户维护。

人工智能技术的应用，将促使信贷升级为智能信贷。

智能信贷不仅能有效节约信贷成本，还能提高用户体验。因为所有的流程都在线上运行，能够提升服务效率，从而降低维护客户的成本。另外，大数据、云计算及深度学习的应用，将会在核心层面改变信贷的模式，例如，收集金融资料、处理金融数据、分析金融结果、做出相关决策，从而改善用户的体验。

同时，智能信贷的时效性会越来越强，因为智能信贷的客户群体大都是小额贷款人员。由于信贷金额不大，风险也较小，再加上大数据处理问题的能力越来越强，放款速度越来越快，很多燃眉之急都能及时得到解决。

但是智能信贷的发展仍然需要在4个维度进行突破，才能取得更好的效益，如图8-5所示。

只有利用人工智能技术，在这4个维度进行突破，智能信贷才会发挥更大的作用。

同时，智能信贷也将会有两个业务发展重点，分别是 To B 服务与 To SME（小微企业）信贷服务。

第 8 章
智能+金融：创新智能金融产品和服务，发展金融新业态

图 8-5　智能信贷发展的 4 个维度

一方面，金融机构要加强 To B 领域的服务。在拉动用户消费的大环境下，许多金融机构都看到了 To C 端的优点。例如，消费人群众多、贷款额度小、风险更分散等。所以，众多金融机构都在个人用户消费金融端广泛撒网，以求取得规模效益。

追求规模效益的思维模式仍然较为传统。智能信贷是一种新兴的信贷模式，我们应该利用大数据技术，把目光锁定在 B 端客户，为他们提供数字化、便捷化的智能信贷服务。这样才会获得商务企业的认可，才会有更多商业客户的追随，从而赢得更高的回报。

另一方面，小微企业信贷市场也将是智能信贷发展的一个重点。

现在，许多小微企业急需信贷，却往往达不到银行信贷的门槛。于是众多金融科技公司，特别是智能信贷公司，纷纷借助大数据技术来了解小微企业的发展状况，征得他们的信任，从而满足他们的

需求。这样取得了双赢，小微企业获得了融资，取得了盈利，智能信贷公司也获得了名利。未来智能信贷 To SME 必将越来越火。

综上所述，智能信贷将会改变传统的信贷模式，使其更加高效、智能。智能信贷面向 B 端、服务于小微企业，将会取得双赢。另外，智能信贷想要获得更长远的发展，还需要进行更精细化的运营。

8.2.3 金融咨询

在金融咨询领域，人工智能有两个典型的应用，分别是金融客服与金融研究。

第一，人工智能技术的应用会提高金融客服的效率与质量。

通过专家系统的注入，智能金融客服机器人将会更加聪明。它能够自主学习用户的常见问题，而且能够迅速提供专业的金融解答，极大地提高服务效率。

智能金融客服机器人还能够整合客户服务通道，打造多渠道并行、多模式融合的客服体验。例如，它可以综合利用电话、短信、网页、微信及 App 等方式，与客户进行智能化的沟通，迅速解决客户的问题。同时，智能金融客服机器人还能够借助 NPL 技术，听懂客户的语言，理解客户的核心意思，从而提供更人性化的服务。

第二，将人工智能技术应用于金融研究，我们能获得更有价值的信息。

第 8 章
智能+金融：创新智能金融产品和服务，发展金融新业态

在金融研究领域，基于知识图谱技术，借助智能搜索引擎，智能金融平台能够高效利用关联数据，精确快速地查找信息，从而为用户提供更准确、更有价值的金融信息。

一个典型的案例是金融科技公司——Kensho 公司。Kensho 公司的迅速崛起也离不开谷歌与高盛的投资。它的创始人兼 CEO 是哈佛大学博士生丹尼尔·纳德勒（Daniel Nadler），他是一个典型的精英知识分子。公司的工程团队人员大都是谷歌、苹果公司内部的顶尖科学家和工程师。总之，Kensho 公司凭借强大的人工智能技术成为金融界人工智能公司的领先者。

Kensho 公司的主打产品是 Warren，它不仅是一个操作应用软件，更是一个高效的、有价值的应用平台，能够快速收集信息并且进行高效的信息处理。

Warren 的强大与其 3 个特性密不可分，如图 8-6 所示。

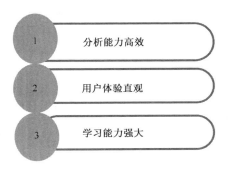

图 8-6　Warren 的 3 个特性

第一，分析能力高效。Warren利用云计算技术来分析数据，能够大幅提升运算效率，将长达多天的投资周期分析压缩到短短的几分钟。

例如，Warren能够智能获取关联度高、逻辑性强的财经新闻，在此基础上进行深入研究分析，并为我们提供科学的汇总结果，从而极大地提高金融研究的效率。资深的金融行业分析师需要3天才能完成一份金融分析报告，但是，借助Warren，我们半天就能收集相关的数据，并进行科学的数据汇总。

第二，用户体验直观。直观简捷可以说是Warren的最大亮点。你只要说出一个词，它就能够对该词汇进行精确的解答。丹尼尔·纳德勒曾经说："Warren与人交互的方式与苹果的Siri、IBM的Watson都是非常相似的。"总之，借助语言表达，我们就能轻松与Warren建立联系，迅速获得金融咨询信息。

第三，学习能力强大。Warren利用人工智能中的深度学习技术，能够智能划分用户问题的种类，并且能够在人们的不断提问中积累经验，实现快速成长。人们问得越多，Warren就会越聪明，这就充分证明了云计算与深度学习的强大优势。

综上所述，随着人工智能技术的发展，未来我们将会有更多的数据积累与更完善的智能系统。在此基础上，智能金融咨询服务系统将会提供更精准的信息与智能分析，我们多元化的需求也将会被迅速满足。

第 8 章
智能+金融：创新智能金融产品和服务，发展金融新业态

8.2.4 金融安全

人工智能在金融安全领域也有着不错的成绩。

人工智能在金融安全领域有很强大的功能。例如，利用人工智能技术，我们能够迅速识别、判断每一笔交易，同时能够对其进行分类和快速标记；利用人工智能技术，我们可以迅速识别出支付欺诈行为；利用人工智能技术，我们可以迅速收集用户的金融安全反馈信息，并不断完善功能，达到更安全的支付效果。

典型的人工智能金融安全应用就是支付宝的证件校验。支付宝花呗与微贷业务联合，使用机器学习技术，有效降低了虚假交易行为。有关资料显示，在这项人工智能技术被应用后，虚假交易率下降了很多，效果显著。

支付宝使用的 OCR（Optical Character Recognition）系统，就是利用光学字符识别技术，把支付宝的票据信息转化为图像信息的。同时再利用图像识别技术，将票据信息转化为可使用的计算机输出技术，这样我们就能通过计算机快速进行支付宝的证件审核工作。同时，这项技术能够提高证件校核速率，并能够提升 30% 的识别准确率，有效确保支付安全。

在金融安全领域，Linkface 也是重拳出击，毫不含糊，直接将人工智能瞄准金融安全的靶心。

Linkface是一家人工智能公司。这家创业公司在成立时就十分引人注目，因为其创立者是4位年轻美丽的女士。

关于公司的定位，Linkface的CEO黄硕说："Linkface很酷。作为一家技术服务提供者，公司通过提供专业的技术服务帮助金融客户解决最核心的安全问题，与全球金融伙伴携手打造工业4.0时代下的金融安全行业范本，成就金融星级安全，在我看来这是一件很酷的事情。"

Linkface在初创时就专注于金融安全领域，利用人工智能技术为金融用户提供在线身份验证，同时利用大数据技术进行反欺诈，为用户打造星级的安全服务。

Linkface金融安全的强大与其超强的原创技术密不可分。

Linkface十分重视技术的原创。她们的团队脱胎于香港中文大学多媒体实验室，其他科研成员大部分来自谷歌、苹果团队或名牌科技大学。

团队成员齐心协力自主研发了基于GPU的DLaaS（Deep Learning as a Service）平台。凭借高超的运算能力及强大的数据分析能力，有效促进了算法的升级。这样，在金融安全领域，它就能够大有所为。

综上所述，人工智能在金融安全领域日益发挥出更加重要的作用。如果要使金融安全更有保障，取得更为长远的发展，我们就必须联合优秀的人工智能科技人才，进一步提升人工智能水平。

8.2.5 投资机会

投资机会在本质上是一个调查研究，是为发掘有价值的投资项目或投资产品而进行的准备性调查活动。投资机会的核心目的是发现投资机会与投资项目，并为更好的投资提出合理的建议。

传统的投资项目与调研工作都是由专业的金融人士来完成的，整个过程非常烦琐、复杂。对于每一个投资机会，调查人员都需要进行大量的资料阅读与审核，经过细致研究，筛选出最有效的信息，最终生成一份投资机会的调查报告，以供投资方进行合理的决策。

金融交易的目的很明确，就是综合考核借款方的能力，最终决定是否进行交易。可是，步入信息时代，信息也以爆炸式的增长速度发展。传统的调研方式在面对海量的信息时，难免效率低下。另外，在投资机会的调研过程中，出错也是难以避免的，这就会造成成本的浪费甚至更大的金融灾难。

考虑到诸多问题，量化投资作为一种新的方式逐渐成了主流。量化投资涉及各个学科的综合知识，例如，数学、统计学、心理学、计算机。面对跨学科的知识，仅仅是专业的金融人士是无法应对的，这时就需要多方人才的协助及人工智能的技术助力。

人工智能的介入，则会使金融调查与金融交易更加智能、高效、精确、合理。

随着人工智能技术的不断深入发展，许多科学技术都逐渐被应用到量化投资中。例如，NPL、神经网络、遗传算法及深度学习等。

利用 NPL，我们可以进行智能引擎搜索，提取出文字间、数据间及图片之间的相关性，这样就节省了大量的人力；利用知识图谱技术，我们可以迅速提取出有价值的金融信息，分析股市的发展趋势，从而智能地提供金融分析报告，最终提高投资机会的准确性，获得更好的效益。

在股市走向预测层面，东京三菱日联摩根士丹利证券公司有着很高的发言权。该公司的高级股票策略师 Junsuke Senoguchi 发明了一个能够预测日本股市走向的机器人。

Senoguchi 一直从事金融工作，在金融行业是一个大咖级的人物。他还有另一个鲜为人知的身份——金融界的人工智能专家，他曾经获得过人工智能的博士学位。

Senoguchi 说："这个机器人创建于 2012 年，从 2012 年 3 月开始，这个机器人一共做了 47 次预测，其中 32 次的预测结果准确。"

这个机器人的工作原理如同下围棋的 AlphaGo，能够综合分析历史数据，从而研究出相应的规律。总之，他设计的这个机器人拥有超强的云计算能力，拥有深度学习算法，能够自主对金融信息及股市进展构建清晰的知识图谱。

当然，这个机器人的智能程度不仅仅局限于进行大数据分析，更重要的是它能够根据市场情形的变化，做出进一步的考量，做出相应的智能预测。

这项技术也可以应用于其他金融领域，例如，可以对利率进行精准的预算，也可以预测国际汇率的基本走势。

目前，在金融交易中，特别是在投资机会的分析中，人工智能的应用也越来越多。虽然目前人工智能的发展也面临着不少挑战，但前景依然是光明的。

股神巴菲特说："要做好投资，你只要有一个正常人的智商就够了。"如今，要做好金融投资，必须结合人的智商与机器人的智商，两者相互配合，相辅相成，我们才能进行更精准的投资预测。

对于人工智能发展中的技术问题，我们一定会通过技术的进步进行弥补。困难在于，如何在金融投资机会中有效结合人力与人工智能。

综上所述，在金融投资机会领域，必须结合人工智能技术。因为人工智能发展的速度一日千里，只有密切结合人工智能中最新的科技，配合人类的金融智慧，才能做出更理智的决策，取得更高的投资回报。

8.2.6　监管合规

在金融领域，监管合规是指商业银行的经营活动要做到不违规、不违法，进行合理经营。

当下金融行业的主题是"合作与赋能"。合作就是指金融界要与科技界或者其他行业进行密切合作。赋能就是指金融界要借助新兴科技之力，特别是人工智能之力，促进金融的智能化。

如今，越来越多的传统金融机构开始主动与金融人工智能公司合作，试图使金融服务效率更高、质量更好。同时，大数据技术及区块链技术也能够借助金融机构快速实现落地。

在金融监管合规领域，人工智能进行金融监管的两种方式，如图 8-7 所示。

图 8-7　人工智能进行金融监管的两种方式

1. 利用规则推理进行金融监管

这种方式主要借助大数据技术及深度学习技术，将相关的规则程序输入计算机，让计算机进行自主学习，这样它就能够理解金融法规和规则。在此基础上，它就能够利用规则进行反复推理，同时它能够结合不同的金融场景，做出更明智的金融风险预测。

2. 利用案例推理进行金融监管

这种方式主要借助机器学习技术进行监管。在传统时代，所有的金融监管都是通过人工的方式进行的。金融监管领域的专家通过分析案例、总结案例，并用经典的监管案例来评价新的监管问题及风险状况，预防相关金融风险，最终提出新的监管方案。

然而，利用机器学习技术后，这一流程被电子化的形式取代。同时，还节省了人力、物力与财力，进一步提升了监管的能力与水平。

人工智能在监管合规领域，最典型的案例就是反洗钱。

反洗钱无疑是一件好事，有利于金融体系的安全，有利于维护金融机构的名誉，最重要的是有利于维护正常的经济秩序，保障社会的稳定。

另外，借助人工智能技术，给计算机接入反欺诈系统，能够打造更加安全可靠的金融信息平台。2016年7月，中国电子商务协会反欺诈中心成立。整个反欺诈系统的技术核心就是人工智能技术，系统包含5年及以上的金融数据信息及相关金融服务。反欺诈系统的成立，能够提升金融决策的质量，有效打压金融欺诈行为，充分保护用户的金融资产安全。

为了打造更好的金融监管体系，使金融市场更加安全可靠，我们必须做到以下三点。

第一，全面升级人工智能金融安全系统，提高智能金融决策的效率，打击一系列违反金融市场安全的欺诈行为。人工智能金融安全系统的构建离不开社会各界的支持。首先，需要科技人才不断深入研究，研发更智能的算法；其次，政府需要投入大量的经费；再次，需要提高计算机的性能，特别是要提高 CPU 与 GPU 的综合性能，这样云计算才能更加快捷；最后，需要金融专家的介入，将良好的金融安全规则、案例输入计算机系统，这样才能够进行高质量的金融监管和决策。

第二，打造线上平台，坚守"金融法规"底线。在人工智能时代，必须加快金融服务的网络化平台建设，更好更快地处理人们的日常金融事务。同时，建造网络化金融平台必须遵循法律、法规。全面杜绝为自身融资的不良业务，坚持做有底线、有温度、诚信经营的金融机构。

第三，引入专家，开启全方位的金融风险防控。一方面，企业要积极对接金融行业最前沿的科学技术；另一方面，企业要聘请国内外顶级金融专家，借助优质人才为金融监管把关。优质的人才同时也能促使金融技术的创新，进一步提升监管能力。

在金融监管领域引入人工智能系统，能够提高效率和智能化水平，更好地为人们的金融安全服务，打造一个更安全可靠的金融信息平台。同时金融监管能力的提升离不开人工智能技术的升级、人才的引入及法规体系的完善。

8.2.7 金融保险

保险的最大意义就是能够在意外发生后给予相应的补偿。我们

第 8 章
智能+金融：创新智能金融产品和服务，发展金融新业态

买保险只是为了买一种心理上的放心，买一种安全。

人工智能助力金融保险，将会使保险业获益匪浅。人工智能能够检视所有的保险流程，细致地梳理每一个环节，挑选出所有能够自动化设置的环节，从而提高保险单运转的效率。目前，人工智能在保险的定价、索赔及反欺诈领域已经有了比较良好的实践，市场口碑较好。

人工智能助力保险将会给用户带来以下三个方面的好处，如图 8-8 所示。

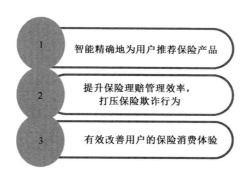

图 8-8　人工智能助力保险的三大优势

第一，智能精确地为用户推荐保险产品。

利用大数据技术不仅能够自动生成保单，还能够精准地进行保险产品的推荐，为用户定制个性化的保险方案，从而大大提升效率，有效降低成本。

借助智能云计算及深度学习的算法，一套智能保险设备能够为

用户提供个性化的保险方案。例如，它能够根据用户的家庭状况、经济状况，以及理财情况和未来经济发展规划，做出全方位的审核考察。在此基础上，它能够智能地分析用户在各个阶段的需求，从而为他们智能地匹配相关的保险产品。总之，人工智能的助力，可以使用户更好更快地做出相关的决策，提升用户的满意度。

第二，提升保险理赔管理效率，打压保险欺诈行为。

在保险的索赔处理环节中，我们可以借助人工智能技术提升工作效率。

一方面，利用人工智能技术，保险公司能够又好又快地处理海量数据，同时，可以自动处理烦琐的流程。例如，当保险公司为某些索赔方提供"快速通道"服务时，借助人工智能技术，能够有效降低处理的整体时间，既能够提升效率、提升用户的体验，又能够降低成本。

另一方面，保险公司能利用图片识别技术进行保险反欺诈，蚂蚁金服保险平台就是一个典型的案例。蚂蚁金服保险平台的消费保险理赔，九成以上都是依靠图片识别技术进行判定的。在传统时代，一些人企图骗取消费保险，甚至利用网上的图片，经过精细加工，向保险公司报案理赔。例如，一个人没有出现使用化妆品后皮肤过敏的状况，却利用网上的一些图片进行伪造，企图骗保险。可是，现在这些都行不通了。人工智能技术可以在庞大的图片数据库中轻松识别真实图片和伪造图片，而且能够在短时间内迅速在线完成，无须人工干预。

另外，人工智能算法能够快速识别出保险数据中的固定模式，并形成相应的规则与框架。当这些规则框架形成之后，它就能够迅速识别欺诈性的保险案件，这样人们的保险行为就会更加安全。

第三，有效改善用户的保险消费体验。

保险营销人员非常注重控制用户的流失率，打造最完美的用户消费体验，从而促进保险产品的销售。人工智能能够自动生成高度定制的内容，有效引流，把用户引向他们最感兴趣的保险产品上。这样能够大大提升用户消费的满意度，也能降低用户的流失率，实现盈利。

如果想进一步提升用户的保险消费体验，在人工智能技术上，企业一定要注重保险产品的互动性。英国的初创保险公司HeyBrolly一直致力于变革保险业的用户消费体验，其旗下的一款名为Brolly的App是英国第一个通过人工智能技术向用户提供保险建议的应用，最终目的是帮助用户进行保险管理。

Brolly最智能的功能在于能够使用户与保险公司进行线上的互动及档案的管理，同时能够为用户提供一切有价值的保险信息，并融合市面上所有价值含量高的保险政策。进行智能分析后，它会挑选出最适合用户的那款保险产品，这样就大大提升了用户的保险消费体验。

综上所述，人工智能必然是未来保险业发展的助推器，能够使保险业更加安全、可靠、高效、合理。企业也要尽快抓住机遇，拥抱人工智能，促进保险产品的销售，取得盈利。

8.3 案例：Wealthfront

Wealthfront 是全球智能投顾平台的标杆，它的前身是 Kaching，是一家美国投资咨询顾问公司，于 2011 年 12 月正式更名为 Wealthfront，现在是顶级的、专业的在线财富管理公司。

作为非常具有代表性的智能投顾平台，Wealthfront 能够借助计算机模型及云计算技术，为用户提供个性化、专业化的资产投资组合。例如，股票配置、债权配置、股票期权操作及房地产配置等。

Wealthfront 作为顶级的智能投顾，具有 5 个显著的优势，如图 8-9 所示。

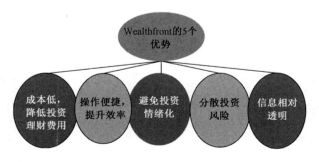

图 8-9　Wealthfront 的 5 个优势

第 8 章
智能+金融：创新智能金融产品和服务，发展金融新业态

Wealthfront 快速发展离不开图 8-10 所示的 5 个要素。

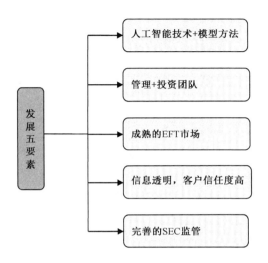

图 8-10　Wealthfront 快速发展的 5 个要素

要素一：人工智能技术+模型方法。

Wealthfront 能脱颖而出，离不开其背后的技术及多元的模型。借助强大的数据处理能力，它能够为用户提供个性化的投资理财服务。借助云计算，它能够提高资产配置的效率，大大节约费用，降低成本。另外，借助人工智能技术，Wealthfront 打造了具有超强竞争力的投顾模型，能够有效融合金融市场的最新理论与技术，为用户提供最权威、最专业的服务。

281

要素二：管理+投资团队。

目前，Wealthfront 的管理团队的核心成员有 12 位，他们基本上都曾经在全球顶级的金融机构或顶级互联网公司做过 CEO。例如，许多核心管理成员都来自 eBay、Apple、Microsoft、Facebook、Twitter 等。同时，投资团队的成员也非常优秀。他们的投资顾问或量化研究人员，基本上都拥有博士及以上学历，而且各个身怀绝技，投资经验丰富。同时他们无论在商界、学界还是政界，均有丰富的人脉关系和资源优势。

要素三：成熟的 EFT 市场。

EFT（Electronic Funds Transfer）即电子资金转账系统。中国基金报的数据显示，美国的 ETF 种类繁多，预计超过 1000 种。而且，经过不断发展，美国 ETF 的资产规模已经有大幅提高。总之，EFT 的强大，为 Wealthfront 智能投顾产品提供了多元的投资工具，从而满足了不同用户的多样化需求。

要素四：信息透明，客户信任度高。

Wealthfront 的信息披露比较充分，这样就极易获得用户的信任，其信息透明程度我们可以从它的官网上一窥究竟。Wealthfront 在其官网上明确标注"我们是谁、我们的主营业务是什么、我们的资源信息及详细的法律文件"。总之，Wealthfront 能够从用户的角度出发，明确地进行信息公开。同时，它们的信息不仅有功能性的提示，还能够进行风险提示。另外，它们的信息表现形式也是多元化的，不仅包含 PPT、文字、图表，还利用大数据进行直观的展示，用户能够得到充分的服务。

要素五：完善的 SEC 监管。

美国 SEC（证券监管委员会）的监管比较完善，这有助于为正规金融机构提供理财服务及资产管理。同时，美国 SEC 还下设投资管理部，负责颁发投资顾问资格。由此，在健全的监管体制下，Wealthfront 才能顺利地开展理财服务和资产管理业务。

Wealthfront 的迅速发展离不开以上 5 个要素，也与自身的定位及理财产品的优势密不可分，特别是 Wealthfront 的成本低，面向人群更加广泛。

Wealthfront 的收入来源以收取咨询费为主，具体的收费额既低于传统理财机构的费用，也低于类似的智能投顾公司的费用。美国传统的投顾机构会收取多方面的费用，整体费用较高。而 Wealthfront 依靠人工智能技术的优势，大大提升了效率，节约了大量的人力资本。同时年轻人一般都会选择在网上处理理财事务，所以，机构的门店空间相对狭小。

同时，借助大数据的优势及深度学习技术，Wealthfront 能够迅速锁定目标用户，效率极高。另外，传统的理财公司（投顾公司）主要面对的是高净值人群，然而 Wealthfront 把用户目标锁定在中等收入的年轻人群。借助长尾营销、智能营销的优势，Wealthfront 的成交额与利润自然也会大幅提高。

综上所述，Wealthfront 的成功与人工智能的发展密不可分，同时也与经营理念、团队管理有着千丝万缕的联系。一个优秀的智能投顾平台，若要取得更长远的发展，必须引入人工智能技术，借鉴 Wealthfront 的优势，学习相关模式并充分展示自身的特色。

第 9 章
5G+人工智能的商业未来

从人工智能 60 余年的发展历程来看，它的发展将会越来越好。虽然经历过 3 次发展的"寒潮"，但是它最终还是迎来了发展的春天；从科技进步的角度来看，人工智能的发展速度也将越来越快。大数据呈爆炸态势增长，云计算能力呈跨越式增长，深度学习技术也在逐渐进步，种种技术都在助力人工智能的飞跃；从企业发展角度来看，国内外互联网巨头都纷纷进军人工智能领域，促进人工智能的发展。

总之，人工智能的前途必然是光明的，人工智能将点亮我们的工作、生活。

9.1 人工智能行业革新历程

人工智能的发展不是一帆风顺的，它曾受到挫折，经历了冷嘲热讽，最终才以现在的面貌呈现在我们面前。

第 9 章
5G+人工智能的商业未来

从整体来看,人工智能的发展逐渐由感知智能向认知智能过渡。若要取得更为长远的发展,则必须增强自我的开放力,逐渐融合多学科知识,联合社会精英。只有以海纳百川的胸怀拥抱新科技、接受新思想,人工智能的发展才能日新月异,革新之路才能越来越开阔。

9.1.1 人工智能从感知智能向认知智能过渡

人工智能的能力发展大致经过 3 个阶段,如图 9-1 所示。

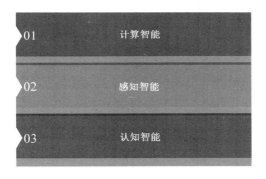

图 9-1 人工智能能力发展的 3 个阶段

人工智能大致由计算智能过渡到感知智能,再由感知智能变为认知智能。

计算智能早已实现。计算智能在本质上是指计算机所拥有的超强的计算能力和存储能力,最典型的案例就是 IBM 的"深蓝"。1997 年,"深蓝"打败国际象棋大师卡斯帕罗夫,轰动一时。"深蓝"借助计算智能,能够预测接下来的象棋路数,做出整体的部署规划。

如今,我们正处于感知智能阶段。所谓感知智能,就是机器设备能够像人类一样,能够听懂话语、说出自己的意见,能够行走、跳跃。目前,随着算法、计算、数据的逐渐成熟,语音识别与视觉识别的成功率分别已经达到95%和99%,成为人工智能在感知智能领域的巨大突破,最典型的案例就是"智能音箱"和"刷脸解锁手机屏"。虽然如今感知智能已经实现了突破,但还有许多细节需要更新优化。

认知智能,就是在感知智能基础上的又一次升华。当谈到认知智能时,科大讯飞的执行总裁胡郁说:"人类与动物最明显的区别,就是人类有自己的语言,能够解释自己的知识,并且能够进行逻辑推理。"由此可见,所谓认知智能,就是机器人能够思考。机器人拥有逻辑推理能力,能够借助知识图谱解构知识,同时用自然语言将自己的观点表达出来。

在认知智能领域,目前发展较好的仍然是科大讯飞。科大讯飞全面部署的"讯飞超脑"就是典型的认知智能。历经 20 多年的历练与积累,科大讯飞在语音识别、语音合成等领域已经成为行业内的翘楚。"讯飞超脑"在应用上其实是对语音识别、语义理解的一种新的突破。

"讯飞超脑"采用了两条路径,分别是"深度神经网络+大数据+涟漪效应"与"人工智能+人脑智慧"。通过科技与人脑的配合,共同促进认知智能的发展，最终使"讯飞超脑"拥有超强的逻辑思维能力。

"讯飞超脑"无疑是对认知智能的一次伟大尝试，而且"讯飞超脑"将发展的重点立足于教育领域。目前，"讯飞超脑"不仅能够做到听说读写，还具备逻辑推理及知识建构、自主学习的能力。

在教育领域，原来的阅卷机器人只能批改选择题、判断题、填空题等客观题目。如今，借助"讯飞超脑"，阅卷机器人可以进行问答题及作文题目的审阅与批改。这样也进一步节省了人力，提高了阅卷工作的效率。

另外，科大讯飞还研发出一款高考答题机器人——AI-MATHS。在参加高考前，它曾参与秘密特训，做了约 500 份数学模拟试卷。在高考当天，它被单独放置在一个考场内。考场环境密闭，断绝与外界的任何网络联系。AI-MATHS 仅仅通过内部服务器的计算，用时 22 分钟就获得了 105 分的成绩，基本上已经达到了中等水平。科大讯飞将继续培养这类高考答题机器人，使它在 2020 年左右能够考上北大、清华。

总之，由感知智能向认知智能过渡是一种趋势。过程也许会很曲折，但是最终，具有认知智能的人工智能机器将会使我们的生活更加美好。

9.1.2 人工智能通往未来之路的法宝：开放和互通

在移动互联网时代，开放、共享的精神显得尤为重要。在人工智能时代，人工智能的开放互通会促使产品创新，进而促进商业模式的变革，只有拥有健全数据的人工智能才能引领新的时代潮流。

北大教授林作铨说："在互联网时代，人们习惯于赢家通吃的逻辑，对数据的保密性看得很重，但人工智能的健康发展需要开放数据。"

由此，我们认为只有做到开放和互通，人工智能才可能有更美好的未来。大数据是人工智能发展的原料，在人工智能专业领域，一些科学家甚至把大数据比作人工智能发展的"石油"。总之，健全的大数据资源能够加速人工智能的发展。如果各个行业、各个公司总是死守数据，那么数据将处于一种封闭的状态，不利于数据间的互通，人工智能也将缓慢发展。

在当今信息技术高速发展的时代，我们都希望产品能够得到人工智能的赋能，这样产品才会真正受到用户的欢迎和喜爱。

百度认为，在人工智能时代，最重要的是同时输出服务和能力。如果要达到这样的双输出，就必须树立开放的人工智能战略。

基于这样的开放战略，百度与更多的科技型企业及智能制造业建立了深度的合作。例如，百度与汽车制造公司合作，共同研发自动驾驶技术；借助智能语音交互技术，实现大数据资产互通，这些都能够从根本上打破封闭的人工智能研发生态。总之，百度的人工智能开放战略，不仅仅是顺势而为，更是一次全面的革新。人工智能的开放互通，最终换来的是合作共赢。

那么，如何才能更好地进行开放互通呢？

一方面，企业要在人工智能行业内做到开放共享，要做到基础数据开放共享、基础算法开放共享及基础设备开放共享。共享才会提高研发或运营的效率，才会加快人工智能的发展与变革。另一方面，企业要寻求跨领域的合作。不同领域的合作能碰撞出灵感的火光，能产生更富有创意的思维，从而衍生出新的人工智能产品。

综上所述，开放互通的人工智能战略，将会打破发展过程中的种种技术障碍，为更智能化的人工智能产品输入新鲜血液。只有开放与互通，强强联合，企业才能打造出具有影响力的人工智能产品。

9.2 感受"5G+人工智能"的魅力

在我们的生活中,人工智能的应用已经变得非常普遍,但即使如此,还是有一些人对此表示不满。这些人认为,现在的应用根本不是真正的"智能",还有很大的提升空间。不过,自从 5G 出现以后,人工智能似乎有了一个好帮手。事实证明,"5G+人工智能"确实能带来意想不到的效果。例如,提高人工智能的"智商"、解决网络的复杂性问题、推动网络重构等。

9.2.1 5G 是人工智能的重要基础,二者共同改变生活

随着时代的发展,人工智能会变得越来越成熟,应用会越来越广泛。与此同时,5G 技术的商用化也已经成为定局。对于人工智能来说,连接是一个十分重要的能力。因此,在人工智能的助力下,一个连接应用大脑及各类终端的超大规模网络将会逐渐形成。如果把 5G 也添加进去,形成"5G+人工智能",则会释放出更强大的能量,进而改变生活。我们从以下几个方面进行说

明,如图 9-2 所示。

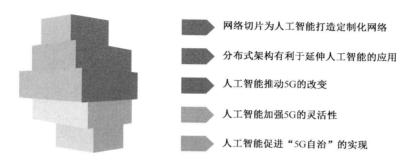

图 9-2 "5G+人工智能" 的几个方面

1. 网络切片为人工智能打造定制化网络

自从人工智能出现以后,各行各业都发生了非常深刻的变化,智能应用不断增多,智慧交通、智慧城市、智慧家庭正在成为现实。与此同时,人工智能也面临着巨大的压力,需要更加强大的网络来满足不同的需要。

例如,由自动驾驶主导的智慧交通需要超低时延和超高可靠;智慧城市需要海量的连接;智慧家庭需要超大带宽。可以说,只要是与人工智能有关的应用,就需要一个极具个性化的网络,以便在发生变化的时候可以及时进行调整。

我们利用 5G 背景下的网络切片,不仅可以打造极具个性化的网络,还可以通过提供网络功能及资源按需部署服务,来满足各行各业的不同业务需求。因此,对于人工智能来说,5G 绝对是一个必不可少的得力帮手。

2. 分布式架构有利于延伸人工智能的应用

人工智能有一个终极目标，那就是达到甚至超过人类的思维水平。那么，人类的大脑是怎样工作的呢？我们以对图像进行处理为例，在这一过程中，眼睛并不会把看到的图像全部传递给大脑，而是先做一个比较简单的加工，将与图像有关的关键信息（如线段、弧度、色度、角度等）提取出来，然后将其编制成神经密码信号，最终传递给大脑。

终端的工作过程与大脑有些相似，但是通常情况下，为了保证速度，终端会把关键信息在边缘进行一次加工和提取，然后由人工智能进行处理。不过，由于体积、功耗、成本等方面的限制，终端并不具备非常强大的信息处理能力，因此，必须借助更加边缘的云端。

5G 的分布式架构就可以充分满足应用延伸到边缘的需求，具体来说，5G 将关键信息直接转发到边缘应用，帮助人工智能把应用延伸到边缘。在这方面，自动驾驶就是一个非常具有代表性的案例。我们将 5G 与人工智能一起部署在更加边缘的云端，实现车辆的超低时延和超高可靠，打造更加极致的驾驶体验。

3. 人工智能推动 5G 的改变

在 5G 的助力下，人工智能连接已经具备了很多优点，如超低时延、超高可靠、超大带宽等。我们也都知道，力的作用是相互的，因此，人工智能也有利于推动 5G，帮助其尽快实现运营、运维、运行等的自动化。

4. 人工智能加强 5G 的灵活性

与 4G 不同，5G 有一个非常重要的使命，那就是促使垂直行业去关注那些长尾应用，这里所说的长尾应用，不仅有个性、小量、零散，还具有非常高的连接价值。在 4G 时代，因为受到资源、成本等方面的限制，只有少量垂直行业的连接以专网的形式存在。随着 5G 的出现和发展，所有垂直行业的连接都已经能够以网络切片的方式存在。

另外，在以前，建网方式需要很长的时间（最短也要半年），所以，根本无法建设 5G 切片。而且，要想进行 5G 切片的建设，还必须有一个全生命周期自动化系统。当人工智能出现并得到推广以后，切片运营开始朝着自动化的方向发展，切片的建设也已经达到分钟级。这有利于企业充分满足瞬息万变的市场需求，在市场上占据有利地位。

5. 人工智能促进"5G 自治"的实现

切片是 5G 的呈现形式，通常而言，在 5G 上运行着大量的切片，少则数十个，多则上百个。在这种情况下，如果还采取之前的人工运维模式，肯定会造成隐患。如果我们围绕人工智能打造一个自动化运维模式，则可以自动监控网络运行状态，并提前预测出网络行为，以便在网络出现故障时能够实现自动恢复。

总而言之，5G 和人工智能是互帮互助、相辅相成的关系，5G 推动了人工智能的自动化、个性化，人工智能提高了 5G 的智能程度。如今，各类技术的发展速度已经超出了我们的想象，这也促进了生活的改变及社会的进步。

9.2.2 解决网络复杂性问题，实现自动化、低成本

未来，网络会面临各种严峻的挑战，人工智能的重要性变得越来越突出。在 5G 时代，虽然万物互联已经基本实现，但是由此产生的数据不仅数量多、复杂性高，而且有很多数据根本没有价值和意义。因此，只靠人类的力量恐怕没有办法应付，必须借助人工智能对这些数据进行细致的分析。

从本质上来讲，5G 其实是一个非常复杂的系统，要想实现自动化，并将运维成本降到最低，需要人工智能对逻辑和秩序进行梳理。相关资料显示，在我国，2G 基站只有 500 个参数；3G 基站有 1500 个参数，而 4G 基站的参数已经达到了 3500 个，可以想象，5G 基站的参数肯定会更多。

毋庸置疑，5G 使我们步入追求速度的时代，但同时也是一个大融合时代。可以说，无论是固移融合、多种无线接入技术融合，还是 IT 与 CT 融合、传统网络与新型网络融合，都非常复杂，而且由此带来的运维成本和风险更是比之前高了很多。

如今，网络规模正在一步步扩大，网络投资也随之大幅度提高，

第 9 章
5G+人工智能的商业未来

在这种情况下，自动化网络已经成为重中之重，它可以将运维成本降到最低，将速度提到最快。与此同时，垂直领域非常需要可靠且稳定的网络来有效避免因人工操作失误导致的巨大损失，所以，我们必须对 5G 提起高度的重视。

在 5G 时代，由于网络存在过于强大的复杂性，因此，要想进一步防止不法分子的突袭和攻击，运营商必须重新建立"护城河"。事实真的是这样吗？当然不是。不过，一旦 5G 和人工智能结合在一起，可能真的会让运营商重新建立"护城河"，让他们再次成为产业链的中心。

9.2.3 推动网络重构，充分保证实时响应

在 SDN/NFV 的基础上，未来的网络正在被一点点重构。对于运营商来说，SDN/NFV 有非常大的作用。首先，它对传统专用电信设备进行了解耦；其次，它充分打通了烟囱式的网络构架；最后，它进一步提高了网络的灵活度和敏捷性。

当然，这也从侧面反映出，之后网络部署的工作环境将体现出非常明显的动态特征，只靠人类的力量进行决策和操作已经不再有效。所以，为了对网络事件和服务需求进行及时响应，我们必须充分利用人工智能的闭环自治系统及互操作性。此外，NFV 也带来了网络的复杂性问题，以前的运维方式也很难适应。

举一个比较简单的例子，现在网络参数、性能指标都和特定的

硬件设备有千丝万缕的联系，主要是因为在以前，对于电信设备来说，物理硬件、逻辑网络配置、软硬件紧耦合之间具有映射关系。在软硬件紧耦合关系的助力下，电信设备的运维人员有能力通过某些元素（如事件报告、网络配置拓扑等）对故障进行分析和定位。

但对于虚拟化的 5G 来说，一切似乎都发生了巨大改变。在 NFV 的世界里，逻辑和物理产生了分离，二者已经没有任何关系。与此同时，创建网络资源的方式也和之前有很大的不同，具体而言，只要通用服务器作为硬件准备充分，它就能够对虚拟机的数量进行控制，进而达成配置"网元"的目的。

换句话说，虚拟化逻辑资源组合在一起，形成了网络功能服务，而这一服务既可以在不同的硬件上配置，又可以在相同的硬件上配置。由此可见，NFV 确实带来了网络的复杂性。在这种情况下，如果还让运维工程师对故障进行分析和定位，会对准确率和速度产生严重影响。

于是，以"大数据+人工智能"为核心的服务监控系统应运而生。在收集大量的网络数据之后，由人工智能对其进行清洗和分析。这样一来，不仅准确率和速度有了保障，网络运维也实现了自动化和以用户感知为中心。当然，更重要的是，闭环系统顺利形成，被动运维时代一去不复返，成了真正意义上的过去式。

面对 5G 时代的到来及人工智能浪潮的侵袭，各个领域的企业都应该做好准备。要知道，如果不能顺应新形势、新未来，就只能被抛弃、被淘汰。以与 5G、人工智能关系最密切的电信领域来说，企业需要从以下两个方面着手。

1. 重视人才的储备

实际上，人工智能带来的最大挑战并非技术，而是人才。前面已经说过，人工智能涉及多个学科，人才不仅稀少而且昂贵。所以，如果企业不能拿出足够有吸引力的薪酬，恐怕难以储备大量的人才。

2. 文化的建设

与人才相同，文化的建设也非常重要。企业需要对流程进行重新设计，制订详细且完善的人工智能文化计划，推动员工的进步和发展。在网络运维的过程中加入人工智能，需要花费大量的人力、物力、财力，而且刚开始我们还无法对其带来的经济效益进行量化，因此，如果没有自上而下的推动，无论是人工智能还是5G，都很难获得较大的发展。

5G、人工智能，再加上物联网，构成了当下时代的前沿技术，站在交汇口处，三者一定会联合起来，携手同行。而这不仅会引起通信的变革，还会使社会和生活产生变化。无论是普通民众，还是企业，都应该为此积蓄力量。

9.2.4 企业布局5G，为人工智能插上翅膀

从目前的情况来看，人工智能已经成为互联网下半场的关键增

长点。在 2018 年召开的第一届中国国际智能产业博览会上，由各大企业带来的智能科技产品纷纷亮相，将人工智能渗透到了人们的生活中。而 5G 的不断发展，则为人工智能创造了更多可能。由此来看，在人工智能时代，布局 5G 对企业来说无疑是重中之重。

5G 至少为人工智能创造了 3 种可能，一种是以高带宽、高流量为特征，带来更加良好的娱乐体验；另一种是以低时延、高可靠为特征，如自动驾驶；还有一种是以低功耗、广连接为特征，如智能农业、智慧城市等。

先来说自动驾驶，其实质就是人工智能在汽车行业的落地形态。在超声波传感器、激光雷达等设备的助力下，系统不仅可以对附近的环境进行感知和分析，还可以在此基础上自动做出驾驶决策。通常来说，汽车在行驶的过程中会一直保持高速移动状态，稍有不慎就会出现事故，而 5G 则为其赋予了低时延、高可靠的特征。

在"i-VISTA 自动驾驶汽车挑战赛"上，联通依靠 5G 微基站和 5G 车载终端，为自动驾驶提供了低时延、高可靠的网络。除此之外，高通与大唐电信也达成了密切合作，通过 5G 推动不同车辆之间的直接通信，从而进一步实现了通信的实时性。

智能农业、智慧城市同样为企业带来了新的发展可能。由于 5G 的连接数密度已经达到百万级，因此，它可以连接大量的终端设备。在这种情况下，新的需求正在产生，终端设备要具有一定的计算能力，企业也应该不断加强云端的处理能力。

第 9 章
5G+人工智能的商业未来

由此可见，无论是联通、高通，还是大唐电信，都在积极促进 5G 的发展，这也为企业布局 5G 提供了极大的便利。试想，如果一个汽车企业在研究自动驾驶的同时还不忘布局 5G，又怎么会被时代淘汰呢？

当然，不单单是汽车企业，其他企业也是如此。以工业企业为例，如果引入了以 5G 为基础的工业物联网，那企业就很有可能会在低时延（1 毫秒）、高可靠的链路上对关键设备进行控制。而且通过不同形式的 5G 连接，设备可以具有更高的灵活性和可塑性，从而进一步满足各种各样的个性化制造需求。可以说，企业只有尽快重视 5G，为人工智能插上翅膀，才有机会成为新时代的胜利者。

相关数据显示，中国人工智能市场规模年均增长率已经超过 40%，而此前发布的《中国人工智能发展报告 2018》也表明，2017 年，中国人工智能市场规模高达 237 亿元，比 2016 年增长了 67%。

人工智能的重要性和巨大价值正在不断显现。从企业角度来看，一个庞大的人工智能新蓝海已经浮现，企业必须牢牢把握；从普通民众的角度来看，人工智能带来的便捷生活已经越来越近，未来非常值得期待。与此同时，5G 的不断发展和渐趋成熟，为人工智能的规模化应用插上了翅膀，还推动了移动互联网的进步及万物互联的实现。

9.3 企业如何升级,才能提前抓住超级智能先机

在人工智能时代,企业要抓住新的发展机遇,站在时代的风口,就必须紧紧拥抱人工智能科技。具体来讲,就是要拥有人工智能思维、拥抱人工智能技术、接纳人工智能人才、进行人工智能场景落地。只有一步一步地落实,企业才会迎来全新升级,才会有完美的表现。

9.3.1 企业要引入"人工智能+"思维方式

继互联网赋能之后,人工智能赋能也成为行业发展的趋势。

吴恩达是国际上公认的最权威的人工智能和机器学习领域的学者。他曾说:"我们不仅要用人工智能来赋能 IT 行业,更需要用人工智能赋能整个社会。为了让全社会都能体验到人工智能的好处,我希望将人工智能推广到其他行业。"

如今,人工智能应用已经遍地开花。无论是生活家居领域、医疗健康领域,还是金融服务领域、无人驾驶领域,人工智能都有发

展的一席之地。在人工智能赋能生活、赋能生产的大背景之下，企业必须引入"人工智能+"的思维方式。

当然，"人工智能+"的思维方式的改变也不是一蹴而就的，企业需要深入场景，结合具体的实践，一步步地做出相应的改变。

所谓"人工智能+"的思维，关键集中在四点：大数据、云计算、算法和应用场景，而且这四个要点之间是可以互相关联和互相转化的，如图9-3所示。

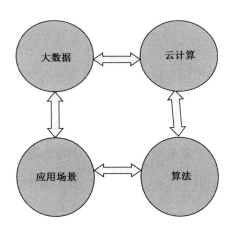

图9-3 "人工智能+"思维四要素

结合以上四个思维要素，人工智能技术才会日益成熟。大数据是人工智能发展的原料，是云计算的基础。云计算又能够反哺大数据，精确筛选出有效的数据。云计算与算法的配合则会加快运营的效率。合适的应用场景，则会加快人工智能的商业落地，使企业迅速抢占先机，立于风口，取得盈利。总之，人工智能作为新一轮产业变革的核心动力，将会贯穿于生产、分配、交换、消费的各个环节。企业最终借助新技术、新模式引发新的经济结构变革，影响我们的生活方式与思维模式，实现商业发展的质变。

另外，若要使传统企业实现人工智能的快速升级并不容易，传统企业需要从数据采集、管理结构设计及项目落地等层面进行改变。在以上四个思维要素中，传统企业首先要考虑人工智能商业落地的应用场景。只有找到好的落地场景，企业才会明确需要哪项人工智能技术，然后才能根据确定的场景采集关键的人工智能数据。

综上所述，企业要在人工智能的风口求得生存，必须引入"人工智能+"的思维方式。"人工智能+"的思维要素必须切合企业的定位及用户的需要，使企业找到最适宜的商业落地场景。

9.3.2 企业融入大数据、云计算，助力判断决策

企业要全面升级，迎来质变，必须积极融入大数据，提高云计算能力，助力判断及决策工作。

大数据是人工智能发展的根基，如果没有大数据的支撑，那么人工智能的发展将会成为无本之木。云计算具有强大的能力，它能够把大数据、设备应用、信息管理、网络安全等信息有效地集结在

一起，构成一个复杂高效的网络系统。在这一系统下，智能机器就能够自主地学习，更加人性化地为我们服务。

既然大数据与云计算都有如此重要的作用，那么企业应该如何开发利用这两项能力呢？

高效利用大数据应从两个方面做起，如图9-4所示。

图9-4 高效利用大数据的两个维度

一方面，企业要盘活内部的大数据。

过去，由于互联网技术落后，人力开发数据的成本也较高，许多优质数据都被废置，常常散落在不同的部门。另外，企业一般都重视人情关系的维护，不太重视数据营销工作，导致许多应用场景的数据都还处于最原始的阶段。被弃置的数据犹如一片死水，毫无活力，也不能为企业的动态运营提供好的数据支撑。

盘活企业内部的大数据，首先企业要运用最先进的互联网技术，做好企业内部各部门的数据保存工作；其次企业要引入人工智能技术，对大数据信息进行智能筛选，挑选出最有效的产品数据信息或客户的数据信息，为数据化运营提供智力支撑；最后企业要引入优秀的数据统计人才，结合人力与人工智能，共同优化企业内部的数据资源。

另一方面，企业要活用外部大数据，为企业的综合发展服务。

在共享经济时代，要取得最终的盈利，企业必须在竞争中求合作，在合作中促发展。外部的数据为企业的发展提供了一系列明确的信息，能够使企业对外部的商业世界有更为全面的了解。做到了知彼，才能更好地完善企业自身的发展。

在数据化的浪潮中，企业既拥有庞大的大数据资源，又需要外部相关企业提供的数据资源。在活用外部大数据资源的时候，企业要学会综合利用媒介渠道，学会跨终端、跨平台对外部数据信息进行高效整合，最终挖掘出数据的价值，为企业的营销、盈利服务。

在利用外部大数据的时候，企业要遵循以下3个原则。

（1）成本最低原则：这样可以节省基础设施购买的费用及维护开支。

（2）方便简单的原则：有助于迅速融入外部环境，从而高效获取外部数据。

（3）安全性原则：利用云数据资源，即使在异地，企业也能高效安全地获取有效数据。

如何利用云计算迅速提高企业的运营能力和生产力？具体流程如下：

第一，利用云计算进行数据复制。在传统的数据获取中，企业需要借助专业的人才及相当烦琐的数据获取工具进行数据的复制，这样会增加获取数据的成本。如今，借助超强的计算能力，企业可以迅速复制多个数据信息，同时可以保障数据存储的安全。

第二，利用云计算进行访问控制。过去，一些黑客为了窃取外部数据，能够轻易破解我们的内部网络设置。利用云计算，我们能够有效控制这样的访问，因为云计算采用分布式存储技术，安全控制的能力比以往任何时期都强。

第三，借助云计算促进产品的创新。云计算能够促进企业进行平台创新和产品创新。例如，金融企业或机构可以借助云计算，智能地为用户提供最新的产品或服务。

第四，借助云计算促进产品的外包服务。例如，借助云计算，企业可以轻易将产品外包到世界各地，这样既节省了往返沟通的运输成本，也节省了大量的时间，最终会使企业的利益最大化。

第五，利用云计算技术，促进企业的远程办公。借助云计算，企业员工可以随时随地开展工作，企业管理者与企业员工也可以进行高效的沟通；同时，跨国企业间的沟通也可以轻松通过网络渠道实现。这样不仅节省了运输成本，还能够提升办公效率。

综上所述，融入大数据，提升云计算，会使企业的运营更加科学、高效，使企业的服务更加以人为本，企业的利润也会节节攀升。

9.3.3 创业者要创新技术，做领域内的 NO.1

无论是在互联网发展的早期，还是如今的人工智能时代，创业要做到强大，就必须利用高精尖技术，在技术的助力下，一步步地进行产品创新，最终达到质变，成为领域内的 NO.1。

纵观互联网时代的创业公司，它们的发展都离不开技术的创新。

苹果公司的成功就是一个典型的案例。

一方面，苹果公司很注重产品的创新。

1997 年乔布斯重新执掌苹果公司时，苹果公司的产品线非常多。乔布斯觉得业务过多，必然不会有过于出彩的产品。于是他提出，苹果公司以后只注重生产专业型产品与创新型产品，其他类型的产品全部停止生产，这样，集中人力与财力促进了苹果公司手机的创新。

正是由于注重技术的创新，在乔布斯时代，才打造了属于苹果公司的辉煌，苹果公司在那时就引领了智能手机的潮流。

在乔布斯之后，苹果公司仍然秉承着创想的理念。在人工智能时代，苹果公司率先研发出"刷脸解屏"的智能手机，引领了新的时代潮流。

另一方面，苹果公司极其注重产品的核心性能与品质。

苹果公司在产品的生产过程中为了力求完美，经常推倒重来。工作人员与团队付出了巨大的努力,耗费了大量精力,最终做出了让客户产生共鸣的产品,建立了与客户的信任关系。

另外,苹果公司始终向客户灌输产品的内涵。他们注重产品的细节打造与品牌建设,争做行业内的 NO.1。他们把自己的产品的外在形式、质量、价格、售后服务等信息全面灌输给客户,因此客户才相信他们的产品。

苹果公司无论是从产品创新还是产品品质、细节方面都做到尽善尽美,得到了客户的信任,成了智能手机领域内的王者。

在人工智能时代,企业应如何创新呢?具体要从四个维度做起,如图 9-5 所示。

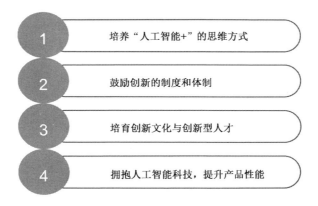

图 9-5　人工智能时代企业创新的四维度

首先,培养"人工智能+"的思维方式。所谓"人工智能+"的思维方式,就是借助大数据的存储能力及云计算的挖掘分析能力,同时借助深度学习技术共同形成全新的业务体系。

"人工智能+"的思维方式必须渗透企业生产的各个环节，在不断变革的过程中实现企业升级，最终形成新时代的商业模式与产品形态。在具体的实践中，企业必须进行跨界融合，拓展已有的业务，在融合人工智能技术的条件下，创造新的产业价值。同时，企业要积极采用软硬件结合的方法，打造适应新时代的创新型商务模式。

　　其次，鼓励创新的制度和机制。创新的制度和机制，有利于激发企业的发展活力，提升企业的创新驱动能力。

　　机制体制的创新涉及多项内容，最主要的是制定创新的政策与措施。例如，设置企业内部的技术创新奖，对有创造力的员工给予物质奖励、精神鼓励或者提拔任用等。

　　再次，培育创新文化与创新型人才。企业创新能力的提升不能缺少良好的文化氛围。良好的文化氛围包括企业的成长目标、企业战略理念、公司制度及组织文化等。培养创新的文化，必须在观念层面进行全新变革。例如，努力为客户创造新的价值，以客户的满意度作为企业经营的核心文化理念。

　　另外，企业若要全面提升自主创新能力，就必须培养企业内部的创新型人才，在吸纳员工的时候要筛选出学历高、素质高的优质人才。在具体的工作环节中，企业要提高员工的专业水平及员工的工作能力和工作热情。只有不断推行全员创新，在企业的各个岗位及各个工作流程培养新的人才，才能够发挥人才的创造性，促进企业的长久发展。

最后，拥抱人工智能科技，提升产品性能。人工智能科技借助种种优越的性能，能够在企业产品的研发、生产、营销及售后服务等多方面提供数据支撑和好的建议规划。大数据技术能够全面分析客户对产品的喜好，企业可以据此生产深受客户喜爱的产品；云计算技术及深度学习技术能够做到智能推荐，客户可以更快地获得他们想要的产品信息，从而提高营销的效率；借助人工智能技术，企业能够全方位把握产品的综合信息，最终提高产品的性能，提高产品的核心竞争力。这样，产品才能不断地迭代更新。

综上所述，只有拥抱人工智能科技，在企业内部打造一片适合创新的土壤，积极培养优秀的员工，企业才能打造出综合性能高的产品，成为业内的NO.1。

9.3.4 寻找并投资深度学习技术人员

人工智能已经成为新的资本风口。基于机器视觉技术的深度学习技术，无疑是人工智能领域的圣杯，将成为企业创新式发展的新引擎。

深度学习基于深度神经网络模型，深入分析海量数据，最终探寻事物发展的规律。典型的深度学习算法包括循环神经网络、卷积神经网络、深度信念网络等。如今，深度学习方法已成为人工智能领域研究和投资的热点。

若要提高人工智能实力，企业必然要寻找并投资深度学习技术人员，在国内，典型的代表就是商汤科技。

商汤科技创立于 2014 年，现任 CEO 是徐立。商汤科技目前是国内深度学习领域技术最强、团队规模最大、融资额最多的人工智能科技公司之一。该公司聚集了世界上深度学习领域，特别是计算机视觉领域内的权威专家。

商汤科技在人工智能视觉领域有很高的权威性。例如，在人脸识别、图像识别、无人驾驶、视频分析及医疗影像识别领域，商汤科技都有很大的话语权。他们的这些先进技术基本上都在市场上得到了应用，而且市场占有率极高。

商汤科技的成功离不开优秀的深度学习技术人员的支持。商汤科技拥有亚洲最大的深度学习团队，公司的技术人才大都来自全球顶级名校，如麻省理工学院、香港中文大学、北京大学、清华大学等，以及国际互联网巨头公司，如谷歌、微软、百度等。

商汤科技的成功开不开优秀人才的支撑，那么在人工智能时代，面临企业升级，企业具体应该如何发现优秀的深度学习人才，为企业转型做好人才支撑呢？

具体要遵循 3 个步骤，如图 9-6 所示。

首先，要建立严格的面试筛选制度。面试官应该奉行"优质人才配优质岗位"的原则，在技术岗位候选人的抉择中一定要秉承"宁缺毋滥"的原则，这样才能招到优质的科技人才。

第 9 章
5G+人工智能的商业未来

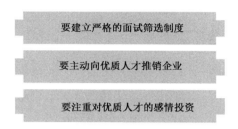

图 9-6　发掘优质人工智能人才的 3 个步骤

人才审核过程也一定要严谨，要秉着对公司最佳的录用原则。要做好这一点，就要设置三轮面试的机制。第一轮由企业内部的面试官进行综合考察；第二轮由公司内部相关部门的权威人士进行细致考核；第三轮则由老板亲自出面进行把关考核。企业只有做到层层筛选，才能在面试环节找到最符合企业发展的优质科技人才。

其次，要主动向优质人才推销企业。企业在"毛遂自荐"的过程中，也不能"胡子眉毛一把抓"，而是要具有宣传的战略或策略。一方面，企业要突出自己的品牌优势或良好的发展前景。在宣传企业品牌时，企业一定要力求真实，做到有价值、有个性。企业只有这样做，才能吸引优质人才。

另一方面，企业通过优秀员工的宣传介绍，引进优质的科技人才。要做到这些，就必须进行良好的企业文化建设，培养优秀员工对企业的忠诚度与热爱程度。这样，优秀员工就会成为效率最高的猎头，为企业做好正面的品牌宣传，为企业引进更优质的人才。

最后，要注重对优质人才的感情投资。对企业的发展来说，无论如何都要注重对优质人才的感情投资。以情动人才是招收优质人才的撒手锏，同时也能长久地留住人才。作为企业管理者或领导者，需要在员工工作低落期多鼓励，在工作浮躁期，以理服人，使他们戒骄戒躁。最终，通过德理兼备的管理方式，获得优质人才的认可。

综上所述，在人工智能时代，企业的发展离不开具有深度学习技术的人才。要挖掘培养优秀的技术骨干，就必须严格筛选、主动推荐及加大感情投资。只有这样，企业才会加快科技化的转型升级步伐。

9.3.5　跨越鸿沟，主打创新用户

所谓"鸿沟"，就是高科技产品在市场营销中面临的种种障碍，特别是在发展中面临的最大问题。高科技产品要在市场上立足，就必须跨越早期发展的鸿沟。而要跨过鸿沟，就必须首先向创新用户进军。

杰弗里·摩尔是高科技营销魔法之父，他著有一本经典的高科技产品营销书籍——《跨越鸿沟》。在书中，他把用户分成3类，如图9-7所示。

第一类用户是创新用户。他们大都是技术爱好者及热衷新型产品的人，例如，"果粉"及高科技产品的"发烧友"。创新用户在高科技产品的所有用户中占比为10%左右。

第 9 章
5G+人工智能的商业未来

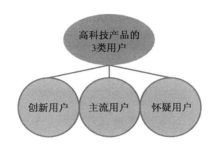

图 9-7 高科技产品的 3 类用户

第二类用户是主流用户。主流用户一般不会急于买新产品，而是在不断观望市场行情及产品的性能稳定程度和完善程度。他们对高科技产品的判断，一般都来自创新用户。如果创新用户认为产品非常好、效果极好，那么他们就会积极购买产品。总之，虽然这类用户的占比达到 80%，但是他们的消费观念仍然是较为保守的。

第三类用户是怀疑用户。这类用户是彻底的保守主义者，他们总是怀念、喜爱旧的科技产品，拒绝拥抱新的科技产品。在他们眼里，一切新技术和新事物，都比不上老技术和老产品。这类用户的占比也在 10%左右。

在传统时代，许多科技型企业都遵循传统的营销观念，认为只有打开主流用户的大门，让他们满意，产品才会有好的销路。这种想法是好的，但是忽略了主流用户的特性。所以，在新时期，高科技企业需要有新理念，要直接把产品瞄准创新用户，让他们去体验新产品的综合性能，之后再进行口碑宣传，这样才能跨越鸿沟，使产品成为主流产品。

这里,我们以智能手机的销售为例进行系统的说明。

科技的进步使每一款智能手机的功能差别不大,但是有的智能手机逐渐销声匿迹,有的却风生水起,这与它们的营销策略有着密切的联系。

苹果公司借助高稳定性及独特的科技稳坐市场第一的宝座,同时,它十分注重"果粉"的体验。苹果公司一直把"果粉"的反馈建议作为完善产品功能的出发点和落脚点。

小米手机凭借独特的系统及饥饿营销的策略吸引用户。同时,小米还建立了一个"小米社区官方论坛",供"米粉"进行讨论。在这里,"米粉"之间互通有无,全面交流产品的性能及性价比,供后期使用产品的人参考。

OPPO 的核心卖点是美拍技术,它开创了"手机自拍美颜"的全新时代。OPPO 的成功其实就是抓住了创新用户。新一代的年轻人无疑是创新用户,他们爱美、爱自拍,有着新的消费观点,敢于尝试新的科技产品。由此,OPPO 手机在年轻群体中热卖。同时由于被年轻人感染,一些中年人也开始使用 OPPO 手机。

这些公司之所以能盈利,就在于他们不仅找到了产品的核心卖点,还找到了创新用户。用创新用户带动主流用户,促进产品打开消费市场。

综上所述,科技类企业要跨越鸿沟,就必须找到创新用户,找到这类用户的消费痛点，寻求单点突破。在此基础上，企业要以点带面，集中力量拉动其他主流用户，最终打造出立足于市场的科技产品。

9.3.6 关于超级智能商业化场景的无限想象

如今，人工智能在家居、医疗、交通、教育及金融等不同领域皆有不同程度的渗透。但在落地的过程中，人工智能仍面临许多问题，比如数据传输与存储压力越来越大；人工智能技术应用对数据传输和处理要求更加严格等。如今，5G 技术带来更大的带宽、更快的传输速度、更低的通信延时等众多优势，因此，5G 技术成为驱动人工智能的新动力。

如果企业要在人工智能领域和 5G 技术上取得快速突破，迎来转型升级，就必须在数据和场景上下足功夫。人工智能在数据方面的问题主要包括 3 个方面，如表 9-1 所示。

表 9-1 人工智能数据存在的 3 个问题

问题 1	传统行业大数据量少
问题 2	大数据实时更新效率低
问题 3	缺乏专业领域的数据专家

第一，传统行业大数据量少。例如，传统的工厂车间及电力行业。

第二，大数据实时更新效率低。例如，在无人驾驶领域，如果存在网络延迟，自动驾驶车辆就不能获得周围的环境信息，特别是公路的车流情况、天气变化情况，以及红绿灯的变化和行人的聚散程度。这样，就容易造成各种交通事故。

第三，缺乏专业领域的数据专家。人工智能数据的优化处理必须借助专业领域内的权威知识或经验，特别是在人工智能医疗领域。大数据的采集工作可以交给人工智能来处理，但是，专业的数据解读必须借助专业的医生。目前，若要使人工智能迅速落地，我们必须将数据分析技术与专业知识融合，培养新一代的综合型人才。

一切技术上的障碍，都可以通过技术的进步逐渐化解。对于人工智能数据中存在的3个问题，相关科研机构将会不遗余力地通过算法的开发及深度学习技术的应用来解决。想要实现转型，达成质变的企业则需要投入资金，积极运用这些技术，为自己的产品创新或企业升级做准备。

人工智能数据处理是基础，场景落地是关键。在逐步解决数据问题之后，企业就要着手解决具体的商业落地问题。

首先，寻找应用场景其实没有什么窍门，最关键的是深入实践。在深入实践的过程中，技术工作者要多沟通、多学习，用亲民的话语与人们进行交流，这样才能了解人们真正的需求及目前研发的人工智能产品的短板。这样，企业才能找到好的突破口，研发出人们喜闻乐见的人工智能产品，让我们的生活因人工智能而精彩。

其次,人工智能的场景落地要遵循流程化的原则。所谓流程化,就是要循序渐进,从一个个小的场景区落地,逐步解决痛点,最终才能有一个美好的未来。

最后,要用长远的眼光看待目前发展中存在的问题。只站在目前的时代看人工智能,人工智能的发展必然不会有太大的突破,科学家或企业家要用长远的眼光看人工智能的发展。尽情展望 10 年后或 50 年后,人工智能将会有什么样的进展。只有这样,我们才能绘出人工智能的蓝图,才会有一个具体的人工智能奋斗规划。

综上所述,目前人工智能在商业落地时仍存在数据问题及具体的场景落地问题。面对这些问题,科学家要通过 AI 技术和 5G 技术的提升来解决数据问题,企业家则需要高瞻远瞩,通过畅想并落实具体的场景来解决人工智能商业发展的问题。

未经许可，不得以任何方式复制或抄袭本书之部分或全部内容。
版权所有，侵权必究。

图书在版编目（CIP）数据

5G+AI 智能商业：商业变革和产业机遇 / 王宁等著. —北京：电子工业出版社，2019.12
ISBN 978-7-121-37667-2

Ⅰ. ①5… Ⅱ. ①王… Ⅲ. ①无线电通信－移动通信－通信技术－普及读物②人工智能－应用－商业模式－普及读物 Ⅳ. ①TN929.5-49②F716-49

中国版本图书馆 CIP 数据核字（2019）第 234980 号

责任编辑：黄　菲　　文字编辑：刘　甜　　特约编辑：刘广钦
印　　刷：三河市鑫金马印装有限公司
装　　订：三河市鑫金马印装有限公司
出版发行：电子工业出版社
　　　　　北京市海淀区万寿路 173 信箱　邮编：100036
开　　本：720×1 000　1/16　印张：21　字数：269 千字
版　　次：2019 年 12 月第 1 版
印　　次：2020 年 5 月第 3 次印刷
定　　价：68.00 元

凡所购买电子工业出版社图书有缺损问题，请向购买书店调换。若书店售缺，请与本社发行部联系，联系及邮购电话：（010）88254888，88258888。
质量投诉请发邮件至 zlts@phei.com.cn，盗版侵权举报请发邮件至 dbqq@phei.com.cn。
本书咨询联系方式：1024004410（QQ）。